BAODAI ZHIZUO GONGYI

包袋制作工艺

姜沃飞 编著

华南理工大学出版社
·广州·

内容简介

本书详细介绍了包袋制作的全部工艺流程与技术，给包袋及皮具行业提供业务部、板房、采购部、成本部、仓库、裁床、车间和品检部整个过程的工艺和技术，简单易学，适合皮具行业的管理者、技术员和工人阅读。

图书在版编目（CIP）数据

包装制作工艺/姜沃飞编著. —广州：华南理工大学出版社，2009.4（2017.1 重印）
ISBN 978-7-5623-2993-0

Ⅰ. ①包… Ⅱ. ①姜… Ⅲ. 手提包-制作 Ⅳ. TS941.763.9

中国版本图书馆 CIP 数据核字（2008）第 213181 号

总 发 行：华南理工大学出版社（（广州五山华南理工大学 17 号楼，邮编 510640）
营销部电话：020-87113487 87111048（传真）
E-mail: scutc13@scut.edu.cn http://www.scutpress.com.cn
策划编辑：何丽云
责任编辑：朱彩翩 毛润政
印 刷 者：佛山市浩文彩色印刷有限公司
开 本：889mm×1194mm 1/16 **印张**：10.75 **字数**：229 千
版 次：2009 年 4 月第 1 版 2017 年 1 月第 2 次印刷
定 价：88.00 元

前　言

本书详细介绍包袋及皮具制造行业生产过程，包括从业务→板房→采购→成本→仓库→裁床→车间→品质整个过程中所涉及的工艺与流程。这一生产过程在实践中经历验证，得到同行的认同。

本书给在包袋及皮具制造行业发展的经营者、管理者及打工朋友提供了可靠及正确的技术指导，使大家对这个行业有全面的了解和认识——看了这本书能使你从陌生到熟悉，从不懂到精通；能使你的思想和技术得到升华，让你再也不会因为不懂而迷茫、苦恼。

当今社会竞争激烈，一个企业要想发展，一个人要想找到一份理想的工作，就必须全面了解和掌握这个行业现在的标准工艺与流程，并在实践中不断地改进与完善，这样才能在激烈的竞争中突围而出。

作为包袋制造工人，要想很容易就能找到满意的工作，要想获取更高的报酬，首先要转变思想观念，思想一转变人生就会改变。很多人经常抱怨没机会，但却不去反思一下自己准备好了没有，机会是给那些有准备的人的。每个人都渴望有学习和提升自己的机会，每个人都希望能学到一门精通的技术，如果没有完全掌握精通的技术，也就不能够很好、很快地发展。要发展、要进步，就要不断地学习、提升，使自己的思想、知识、技能跟上时代的步伐。

作为包袋制造的管理者，要想生产畅顺、品质合格、管理容易，首先要让大家都清楚并了解自己所做的作业流程、工具使用以及工艺标准，也就是要知道怎么做，做到怎样才算合格，注意些什么。要想留住员工、留住人才，并且还要员工为企业尽心尽力地做事，就必须让他们有学习的机会，有公平的竞争，有发展的希望。当一个员工能够熟练、准确地操作自己所做的工艺环节时，他就会心情开朗，效率也会提高，不容易发生差错，从而达到了生产畅顺、品质合格、管理容易的目的。

一个企业要有活力，最关键的是培训，就算是熟手工人也要培训，因为每个企业的文化、管理理念、工作流程、工艺要求等，没有完全相同的模式，况且时代在不断地进步，管理与工艺也要不断创新。初进企业的工人，一定要明白自己的岗位职责，清楚本企业的标准流程与工艺，做到心中有数，才会工作畅顺，心情愉快。

由于本人水平所限，不足之处望读者批评指正。另外，由于本行业尚未有统一的标准，本书中的名词术语多引用我国香港地区惯用，且为目前内地本行业所通用的名称，不便之处请见谅。

姜沃飞

2009 年 1 月

目　录

1 业 务

一个公司能否接到客户的订单，能否把所生产的产品按合适的价位推销出去，能否按客户的要求顺利准时交货，能否做好售后服务，这就需要业务员非常熟悉、了解自己的工作流程，并把它做好！

1.1 业务工作流程

1.1.1 业务跟订单工作流程

业务跟订单工作流程见下表。

业务跟订单工作流程

工作流程	流程说明
接到客户订单	旧款翻单的订单，将上次生产的盈利情况报告给总经理重新核对价格，才决定是否接此订单。每张订单，业务部要出资料给 PMC[①]；PMC 根据本厂的产能进行预算，于一天后回复业务部出货期
制作合同	跟单员制作合同，核对无误后给总经理签名后传真给客户，并复印给财务部及总部
预收订金、制作生产单	有些客户要先收订金的，业务部要跟踪订金是否到位 按照制板单及物料清单制作生产单：注明主料、配料、里布、线、拉链；注明边油的色号、颜色、配色、撞色等；五金要注明规格、型号、形状、颜色、供应商等；做货注意事项及重要说明要表达清楚
制作生产备料单	成本部收到生产单后，提供准确的物料清单及生产备料损耗给业务部，业务部根据物料清单及生产备料损耗制作出生产备料单，备料单完成后交本部门主管核对无误后签名，复印并下放给仓库备料，要请购的物料要出请购单给采购部，由业务部提供物料的样板给采购部购买物料

续上表

工作流程	流程说明
制作生产色卡	生产部门用的色卡由业务部输出一式两份（包括：主料、配料、里布、线、拉链、五金、织带、杂料、唛头）。色卡要整齐、清楚、准确无误，要有板房主管、业务主管、采购主管签名才生效
放产会（新款）	新款的生产单要开放产会，由裁床提供开放产会的时间给业务部，业务部再跟车间主管核实会议时间，然后发出放产会时间表通知各部门。放产会议由业务部主持 要准备生产样板、色卡、纸格，放产会结束后由跟单员填写“放产会议记录”并发放给各部门。放产会后，客户若有任何修改，都要召开第二次放产会。放产会议期间，如发现生产板有不合格的地方，要填写未完善事项记录，并要跟进此表完成的结果
跟进品质	业务部根据 PMC 总排期，跟踪大货的进度，确保货期；生产过程中发现有任何问题，业务部都要积极、主动配合各部门去解决问题
预约跟进验货期	有些客户出货前要验货的，应提前把验货时间及验货方式（例：半成品验货、成品袋清洁后验货、成品袋装箱后验货）通知各部门
通知船务出货	由船务部通知业务部出货情况，业务部核对后写清楚，并通知船务部如何出货（订货柜、寄船运到海外客户、汽车送给客户）
出货打发票 跟进货款	由船务部提供装箱表给业务部，当天出货的发票、出货汇总表经业务部核对无误后交总经理签名，并传真给客户和总部，再复印给财务部，交财务部要履行签收手续，业务部要跟踪货款是否到位
埋单	生产单出货后，PMC 发出埋单计划表给业务部，业务部根据埋单计划表把备料单发给仓库，仓库准确填写所需物品后回流给业务部，业务部做“埋单汇总表”送系统部
顾客投诉跟进	跟进顾客投诉，如果客户有投诉，业务部要填写“顾客投诉单”给品质部，由品质部填写原因分析，业务部再把信息返回给客户

注：①PMC——物料控制。

1.1.2 业务跟制板工作流程

业务跟制板工作流程见下表。

业务跟制板工作流程

工作流程	流程说明
收集客户资料	分析、整理收到的客户资料（包括：原板、彩图、手画图、色卡等）
制作样板单	制作制板单：注明主料、配料、里布、线、拉链；注明边油的色号、颜色、配色、撞色等；五金要注明规格、型号、形状、颜色、供应商等；制板注意事项及重要说明，特别是客户的要求要表达清楚
跟进制板	根据板房的样板排期，在交板期的前一天查询做板情况，业务员要跟踪样板的制作过程，确保样板能顺利按时、按质、按量交给客户。如有特殊情况不能按时交给客户的，要提前与客户沟通
核对样板	板房的样板制作完成后，业务员要根据制板单的要求、客户的要求，核对样板是否正确，评审样板的不足之处，确定改良方案，并与客户沟通
包装寄板	确定样板没问题后，通知板房包装、装箱。业务员填写运单、放行条，并通知快递公司到本厂收件
报价给客人	样板寄出后的第二天核对成本单，只要检查大小款对比，损耗是否足够；有没有漏写物料费、浸染费、洗水费、编织费等。核对无误后给总经理打价，业务员制作样板报价表给客户
收取样板费	业务员要及时打单（发票）收取样板费用，有些客户是月结的，应于次月的月结日前一天完成月结样板费用汇总表，核对无误后交总经理签名，然后传真给客户，同时复印一份给财务部做账。业务员要跟踪样板费是否到位
样板改进跟踪	初板出板时，板房有一份“样板跟踪表”给业务部，内容是提出样板需改良的地方，业务部与客户谈样板时要把此信息告之客户，不论此信息提出的改良是否可以实施，业务部在第二次做样板时要把意见填写在“样板跟踪表”上告诉板房

1.2 产品放产

1.2.1 产品投产前综合检查

产品放产前综合检查指引				订单：
				款号：
				颜色：
				日期：
经常出错点	检查人	责任人	合格	不合格原因描述
用料、色卡与生产单是否一致				
物料颜色是否有脱色问题				
色油与物料颜色是否一致				
唛头、压唛、五金唛、布唛等是否正确，颜色、效果是否良好				
底、面料车线是否正确，面线、底线与里布撞色有无问题，有没有透底色现象				
线路是否均匀、平直，尺寸是否正确				
车线颜色是否正确，有没有漏车				
部件是否有不对称、不够位、起皱现象				
袋形、尺寸、用料配搭是否正确				
开料纹路有无问题				
生产板代用物料是否记录清楚				
托底物料软、硬度是否适当				
内里结构是否正确				
磁钮的磁力是否足够，急钮、拧锁等性能是否有效，钩扣、圆圈等承受力是否达到要求				
五金类是否牢固，尺寸形状与资料是否一致				

续上表

经常出错点	检查人	责任人	合格	不合格原因描述
打鸡眼、打撞钉等易烂与受力部位是否有加托底补强				
俐仔、手挽等是否穿不进五金扣，部件与五金的宽度是否正确				
相同款式做不同订单时纸格有无变化				
埋袋、合袋、装袋等是否对称				
折边、勾角是否顺滑及统一大小				
有没有用错胶水				
粘生、粘死是否合理				
分纹做法有没有做到，纸格有无注明				
铲皮的厚度及尺寸是否正确				
核对样板，跟踪表中的出格、制板、品质状况注意事项，看看有无改善				
从大货角度考虑，做法是否需要改善				
内格、卡贴、卡袋等的尺寸是否正确				
成本的价钱、物料用量是否正确				
五金、拉链布、织带、橡筋等是否正确				
样板各部件纸格与开料材料表是否一致				

每次放产时，板房主管召集营业部、成本部相关人员核对以上项目，错误点作为各部门扣除相关人员绩效奖金的重要依据，每错一项扣×元。

1.2.2 放产会议记录

放产会议记录

<table>
<tr><td colspan="3">客户：
主料类别：
生产单号：
款号：
颜色：
跟单员：
会议日期：
经理确认：</td><td colspan="3">（图片）</td></tr>
<tr><td rowspan="14">品质要点及生产要求</td><td rowspan="3">裁床</td><td colspan="4">1</td></tr>
<tr><td colspan="4">2</td></tr>
<tr><td colspan="4">3</td></tr>
<tr><td rowspan="5">车间</td><td colspan="4">1</td></tr>
<tr><td colspan="4">2</td></tr>
<tr><td colspan="4">3</td></tr>
<tr><td colspan="4">4</td></tr>
<tr><td colspan="4">5</td></tr>
<tr><td rowspan="3">包装</td><td colspan="4">1</td></tr>
<tr><td colspan="4">2</td></tr>
<tr><td colspan="4">3</td></tr>
<tr><td rowspan="3">注意事项</td><td colspan="4">1</td></tr>
<tr><td colspan="4">2</td></tr>
<tr><td colspan="4">3</td></tr>
<tr><td colspan="2">放产资料</td><td>部门确认</td><td>接收日期</td><td colspan="2">备　　注</td></tr>
<tr><td colspan="2">色　卡</td><td>车间：</td><td></td><td colspan="2"></td></tr>
<tr><td colspan="2">生产板</td><td>裁床：</td><td></td><td colspan="2"></td></tr>
<tr><td colspan="2">纸　格</td><td>裁床：</td><td></td><td colspan="2"></td></tr>
<tr><td colspan="2">色　卡</td><td>裁床：</td><td></td><td colspan="2"></td></tr>
</table>

1.2.3 制板单

版本：

××手袋
制板单

客户：　　　　板单编号：　　　　款　　号：　　　　产品名称：

数量：　　　　做板次数：　　　　落单日期：　　　　交板日期：

样板类型：　　（试板、初板、参考板、确认板）

出板方式：　　（寄公司、寄客户、其他）

同组系列：

物料种类	物料名称 / 规格	颜　色	颜　色	颜　色	颜　色
主料					
配料					
内里					
主料车线					
配料车线					
边油颜色					
拉链布					
拉链布					
配件 1			配件 2		
配件 3			配件 4		
配件 5			配件 6		
配件 7			配件 8		
配件 9			配件 10		

（图　片）	制板注意事项及重点说明

发单人：　　　　发单日期：　　　　审核人：　　　　板房主管：

1.2.4 生产通知单

××手袋厂

生产通知单

客户名称：＿＿＿＿＿＿　　　　　　　　　　联络人：＿＿＿＿＿＿

生产单号码：＿＿＿＿＿＿　　　　　　　　　落单日期：＿＿＿＿＿＿

合约号码：＿＿＿＿＿＿　　级　数：＿＿＿＿＿＿　　出货日期：＿＿＿＿＿＿

款号	客方款号	主料	配料	里布	数量
				合计：　个	
尼龙线					
PP线					
拉链＃3					
拉链＃5					

边　油：

五　金：

箱唛及包装资料 □单坑 □双坑 □叁坑

正唛	侧唛（勿超过15公斤）

唛头及包装明细

- □ 塞纸
- □ 平装
- □ PO袋
- □ 不织布袋
- □ 纸吊牌
- □ 款号贴纸
- □ 拷贝纸
- □ 颜色贴纸
- □ 珠链
- □ 唛头：
- □ 唛头：

图样：

备注：

1.2.5 备料单

做货备料单

生产单号：　　订单数量：　　款　　号：　　版本：　　物控审批：

客人名称：　　交货日期：　　发料日期：　　业务：　　仓库确认：

序号	物料类别	物料编码	颜色	封度	单位	物料名称	总用量	仓存数量	单价	实际发料数量	备注	损耗	单号：	小计
1	主料													
2	配料													
3	配料													
4	里布													
5	拉链													
6	拉链													
7	五金													
8	五金													
9	五金													
10	五金													
11	五金													
12	五金													
13	五金													
14	五金													
15	五金													
16	五金													
17	五金													
18	五金													
19	五金													
20	五金													
21	线													
22	线													
23	线													

2 板 房

板房是一个企业的龙头，技术的核心。板房只是一个通俗的叫法，它还有很多名称：技术部、开发部、研发部、工程部等。

一个企业的生意好与坏，老板能否留住旧客户、开发新客户，接到更多的订单，这就需要板房的技术人员不断地创作出新产品、好产品。

板房是一个先头部队，它走在最前面，是最先经历过、实践过的部门，在生产过程中，当遇到解决不了的技术问题，首先想到的应该是板房，因为板房最清楚客人的喜好、客人的要求、样板的效果等。至于采取什么样的做法最恰当，既方便车间生产，又照顾到客人的利益，这就需要各个部门之间互相沟通与协商解决。

板房的实质是一个微缩生产车间，只是部分工序由机械改为人手操作，大量流水线的工序改由单人作业，因此各个工序流程间的配合极为重要，也就是出格、开料、台面与车位之间的配合。产品质量保证有赖各个员工对各个工序的付出，只要其中的一个员工粗心大意，就会引致严重的后果。产量是在质量的基础上再加上各个员工在工序时间上的协调配合取得的。做板的基本要求是在保证质量的基础上抢时间，在时间上抢效益，款式、质量和时间是产品占领市场最重要的因素。

2.1 出 格

出格及出格师傅的知识和技术可参见作者的另一本书《手袋出格师傅》，这里只介绍出格师傅的岗位职责及出格与其他生产部门相关的内容。

2.1.1 出格师傅岗位职责

1. 根据客人的要求做出合格的纸格与样品

①对客人的来板、来图进行理解与分析、评审之后方可出纸格，同时考虑物料和生产的制造工艺；纸格经检验合格后，才可进行试板制作。

②难度较大的样板要先试做初样，尽量能用相同或相似的废料来做。如果是真皮款，可用无纺布或 PVC 来试做。初样经评审后，再修改需修改的地方。

③初样确认可以后，方可开料做出正式样板。

2．认真填写样板资料表，同时写出相关技术指引与注意事项

①懂得各种材料的计算与利用。样板资料表是制作样板的重要资料，它包括捆条、魔术贴、拉链布、链头、骨类、边油、线类、五金类等，应认真工整地书写及保持完整。整个款的资料如果要做永久性的修改，应及时更正与更新样板资料表；如果只是某些单要更改资料，而原来的资料表还要保留，就需要写多一份新样板资料表。

②每做一个新的产品，出格师傅都应给予相关技术指引。比如：胶水做生还是做死，用万能胶还是用白胶，用电脑车还是用人字车，各种五金脚的长度，以及车双线还是单线，暗线还是明线等，并提出该产品应特别注意的地方（比如：编织部分物料的每条长度，编织完成后的实际长度和效果图，编织部分是否外发加工，外发加工的价钱是多少；布料和容易散边的物料加托底过胶复合，是整匹外发加工还是本厂过胶复合），都应该记录在纸格或样板跟踪表上。

3．有良好的沟通能力，对物料有一定的认识和判断能力

①在制作过程中，因物料问题、加工难度问题而与客人要求有不同之处时，应及时反映给上级及业务、采购部门，并开会沟通，确定处理方案，必要时要与客人沟通。

②对各种物料的硬度、手感、视觉、颜色的搭配要有一定的认识。

③了解并熟悉厂内各部门的职责及与自己工作岗位的关系。

4．不断地进行产品改良与新产品的开发

①总结客户的习惯、产品风格与基本需求。

②款式的更改、工艺的改进、物料的开发及新产品的创作，要不断地去学习，去实践。

③不但要去做，更重要的是要去想。可以从市场买一些新潮、时尚的款样，以便借鉴与模仿，并结合客人的要求创作新的款式，不断推出新的产品。

5．出格师傅的专业知识

样板的竞争力关键在出格。只有精简制作工艺，并将成本控制在最低点，使其性价比高，才可以在竞争激烈的环境中突围而出。所以，首先要了解该板的价位、类型、结构，板单的要求，客户的要求等，然后着重考虑车间生产时可能会出现的困难及物料的性质、加工方法等，该款会与哪个款相似，是否有刀模可以借用，同属一组的板要注意资料及做法的统一。生产大货时要跟踪制造过程，并与生产技术员探讨，发现问题要及时解决，以免造成损失，并不断地改进生产工艺及加工方法。样板资料必须清楚，一目了然。新板的出格首先要知道该板的客户和价位，因每个客户都有不同的喜好。价位与该板的档次相关，在档次的基础上决定该板的制作。低档次的板要注意有什么地方可以省料以及如何使工序简化，以便降低成本和提高效率；高档次的板应注重其手工的精细及外形的流畅。新板在第一次制作过程中，如有需要改善的地方改正后应立即更正相应的资料。诚恳地接受同事的意见才能做出更为完美的样板。

2.1.2 出格师傅工作标准

出格师傅要清楚明白自己的岗位职责，熟悉、理解并能灵活运用统一的名称、工艺、托底、计算、纹路、常用物件等，要在一定的时间内完成一定难度等级、一定数量的纸格，并符合规定的质量标准。出格师傅的工作标准见下表。

产品类型	难度系数	纸格件数	完成时间	完成质量
手　袋	1	10～20 件	4 小时	完成全部标准纸格及样板资料表
	3	30～40 件	6 小时	
	4	50～60 件	8 小时	
	5	60 件以上	12 小时	
银　包	1	10～20 件	3 小时	完成全部标准纸格及样板资料表
	3	30～40 件	4 小时	
	4	50～60 件	6 小时	
	5	60 件以上	8 小时	
拉杆箱	2	10～20 件	4 小时	完成全部标准纸格及样板资料表
	3	30～40 件	8 小时	
	4	50～60 件	12 小时	
	5	70 件以上	24 小时	
公文袋	2	10～20 件	4 小时	完成全部标准纸格及样板资料表
	3	30～40 件	8 小时	
	4	50～60 件	10 小时	
	5	60 件以上	12 小时	
背囊袋	1	10～20 件	4 小时	完成全部标准纸格及样板资料表
	3	30～40 件	8 小时	
	4	50～60 件	12 小时	
	5	70 件以上	24 小时	

备注：难度系数分 5 个级别，1、2 为一般，3、4 为难做，5 为最难做。以上的标准是指新款式（旧款修改，全部再做过纸格的也算是新款）。

2.1.3 出格师傅注意事项及出格规范化

2.1.3.1 出格师傅的重要性

出格师傅是整个手袋行业的技术核心，他关系到一个企业的生存和发展，他是企业的财富。包袋制品能在市场上畅销，能适应不同的消费群体，靠的是出格师傅过硬的技术和敏锐的思维。样板的竞争力关键就在出格，出格师傅的关键在于其具有丰富的想像力、灵敏的思维及相当程度的审美能力。多思虑，多做笔记，多积累好经验，是出格师傅充分发挥潜能，创出新意的必需条件。自己称是好产品，不是真正的好产品，能在市场上畅销的产品才是真正的好产品。

2.1.3.2 出格师傅注意事项

1. 资料不清晰、不完整的几个方面

①字体。很多师傅写字龙飞凤舞，让人眼花缭乱，自以为这才像艺术大师，可是写出来的字有时候连自己也不认识，更谈不上别人能理解、明白。还有的英文字母大、小写不分，本来是小写字母写成大写字母，这样的错误如果落到客人手里，客人完全有理由不收货。出格师傅做出来的纸格，只是做出一个袋板，后面还有很多工序需要别人来完成，为了让大家都能看得清楚、明白，减少因误解而做错的可能，字尽量写得正规一点，整齐一些。

②随意涂改。样板资料表与纸格资料经常会有修改，很多师傅为了图一时的方便，把错的资料用笔画一画，再写上正确资料；还有人就在错的资料上重叠起来再写一次，让人看不清楚。修改资料要先用刀片刮掉旧字迹，然后用修正液涂层再写。

③随意画线。纸格上车线位、铲皮位、耳仔位等，有些师傅很随便，歪歪斜斜画上去就算了，也不管它位置、尺寸比例是否正确。比如车线位，客人要求两条线之间的距离是 7 mm，如果随便画上去，两条线之间的距离可能大于或小于 7 mm；耳仔位按要求两边是对称打斜来放的，如果画线位两边不一样，很可能做出来的耳仔两边也是不对称的。大部分工人都是按纸格做事，画线是歪的也会跟着做歪，所以纸格上的画线不能马虎，要认真对待。

④没画纹路。很多人不重视纹路，其实纹路非常重要，会直接影响工艺效果。有些物料，如手挽、俐仔等，如果没画纹路或画错纹路，做出来的效果就达不到要求。特别是客户寄过来的专用物料，一旦开错纹路，想补料都没法补，这样会给公司带来巨大的损失，也损害了公司的形象。

⑤定位不准确。例如五金定位、打钉位、鸡眼位、锁位、磁钮位、牌子位等，如

果定位不准确，会导致部件高低不平，严重的会扭曲变形，从而导致袋子报废。牌子是一个公司的标志，要求非常严格，如果没有按客户的要求来做，会损害公司的形象，很可能因此而失去客户，特殊五金或新五金一定要按实物来定位。埋袋位、装袋位、耳仔位、皮唛位、布标位等要准确，埋袋位、装袋位如果不准确会使袋子扭曲变形；没有皮唛位、布标位就不知道皮唛、布标放在哪里。如果因为出格时没有定位，因而没有做皮唛、布标，出格师傅有一定的责任。皮唛就是客人的牌子，定位一定要准确，不能马虎。

⑥漏写资料。主要有四个方面，没写颜色、没写铲皮厚度、没写工艺做法、数量不正确。没写颜色的，主要是杂里、杂料、PE 胶板，要注意按照托底料颜色的统一规范注写清楚。没写铲皮厚度的，主要是包边、耳仔、引手、贴仔、手挽、大身部件等，铲皮的厚度直接影响工艺效果、手感、五金的脚长等，袋子做出来的整体效果能不能达到想要的感觉，跟铲皮的厚度有很大关联。没写工艺做法的，包括折边、油边、对中折、包折、粘生、粘死、车反、搭位、车穿、手缝等，在没有袋板的情况下，工人一般都不能自己判断该怎样做，如果任由工人随意来做，就很容易出错。数量不正确的，特别是同一种五金有很多套，打在不同的部位，这种情况下，资料很容易写多或写少，最好是自己检查两三次之后，再由别人帮忙核对一次。

⑦单位、尺寸不规范。例如，有两种以上结构须同时配合使用的计算单位为套（SET），如撞钉、中通钉、磁钮等；只有一件单独使用的计算单位为个（PCS），如针扣、方扣、钩扣等；长与宽有固定尺寸的计算单位为张（PIC），如卡纸、日本纸、PE 胶板等。一般尺寸单位有米（m）、厘米（cm）、毫米（mm）、码（yd）、英尺（ft）、英寸（in）等。这些单位不能混淆，书写不得潦草。

2. 资料不准确

样板资料表中的资料，常常是捆条、五金、链布等数量、规格不准确的。

捆条类。棉芯有不同的粗度，分杂色、白色，有弹性、无弹性等，资料要注明清楚；织带有不同的宽度、不同的厚度、不同的性质、不同的纹路，比如肩带织带，宽 $1\frac{1}{2}''$、厚 1.5 mm、棉质、平纹等；骨芯有不同的粗度，分圆骨芯、防水骨（也叫 T 骨）、开边骨，圆骨芯一般都是黑色，防水骨与开边骨有很多种颜色；包边料有双回口、单回口、散口、执色、直纹、斜纹等，包边做真皮还要写厚度，太长的，为了节约成本还要写几条驳成一条，每条的长度是多少、搭位是多少等。捆条类的名称、厚度、长度、宽度、数量、纹路等要填写准确。

五金类。五金有不同的颜色，例如叻色、黑叻色、金色、古铜色等；不同的工艺，例如扫叻、挂叻、镀金、镀银等；不同的规格、形状例如 $1''$D 扣、$1\frac{1}{2}''$ 方扣、$2''$日字扣等；不同的型号，例如10号线、8号线、6号线等，这里的型号是指粗度；不同的材质，例如铜质、铁质、钢质等；不同的功能，例如开关功能、调节功能、连接功能、固定功能等。另外，五金所在的位置要注明清楚。

链布类。链布分铜牙链布与尼龙牙链布两种。铜牙链布有头尾制，分总长、实长、牙长与数量；尼龙牙链布一般没有头尾制，分总长、实长与数量。链布的计法看纸格资料的统一计法表（见2.1.9）。

3. 做工复杂成本高

有的师傅出格的时候没有考虑到车间大批量生产时是否会有困难，只想到能做一个板出来就完事了。有时候连做一个板都非常困难，一旦要生产大货就难办了。在做板的过程当中，如果遇到难做或者是不合理的做法，要及时提出来，并报告上级，由上级决定合理的做法。出格师傅要认真思考并总结经验，避免下一次再犯同样的错误。做工复杂的，有以下几个例子：

①袋口直线。PVC物料软袋做法，有些师傅做成无纺布折边后，再搭车链布，这样做要8道工序，如果改成车反压线只用2道工序就可以了。两种做法做出来的效果一样，对比之下，折边做法复杂，起货慢，成本高；车反做法简单，起货快，成本低。

②插袋或风琴两面都是做里布的，有些师傅做成分开两件折边，然后再对碰车线，这样做要6道工序，如果改成一件对折车，只要2道工序就可以了。

③沙骡皮与牛皮。有些师傅将厚3.0 mm的沙骡皮或厚3.0 mm的牛皮先铲薄至2.0 mm，然后再补1.0 mm的皮糠纸，总厚度还是3.0 mm，这样做要6道工序，起货慢，成本高。如果改为厚3.0 mm的沙骡皮或厚3.0 mm的牛皮直接开出来，不用再加工，效果比补皮糠纸还要好，做法简单，起货快，成本低很多。

4. 不统一

只有部件统一、工艺统一，生产才会畅顺，成本也才最低。很多师傅都有这个意识，但在操作过程当中，却不想花时间去找出已有的产品纸格来参考，不愿意和别人沟通，这样就不可能做出形状、工艺统一的部件纸格了。即使是同一组袋子，给同一个人来做，能统一共用的部件还是统一不了。产生不统一问题，原因就是工作态度的问题。

5. 托底料问题

做高档袋子，要想做出品位、做出感觉，托底料是非常关键的一个因素。目前经常使用的托底料是：皮囊、西班牙不织布、普通不织布、毛里、棉朴、纸朴、珍珠棉、海棉、回力胶、高发泡回力胶、EVA、杂料、双面网底杂料、灰软纸、日本纸、皮糠纸、卡纸、PE胶板等。

要根据托底料的不同特性，如袋子的档次（高档、中档、低档）、袋子的整体效果（软袋、定型袋、半定型袋、硬袋等）来选择及确定所托的部位用哪种托底料。一般高档袋子用皮囊、西班牙不织布、毛里、高发泡回力胶、灰软纸、日本纸、皮糠纸、PE胶板等；中、低档袋子用海绵、EVA、杂料、普通不织布、皮糠纸、卡纸等。经常弯曲的部位，高档袋子用皮囊、西班牙不织布、灰软纸、皮糠纸；中、低档袋子用杂料、普通不织布、皮糠纸等。

2.1.3.3 出格规范化

出格的规范化有以下几方面。

1. 明确性

要求明确的内容主要是工艺、外形、结构、尺寸、纸格、托底、资料。

工艺：要清楚是做折边、油边还是散口不油边；是做埋反、包壳还是出骨；是做磁钮、急钮还是拉链开关；是做内包边、外包边还是捆边等。在出格的时候，就要考虑清楚做哪种工艺比较适合，而且是比较容易生产的。

外形：一般客户提供的图片或袋样，外形是不能更改的，时款袋的卖点就是外形，特殊情况需要更改的，一定要经过客户同意才行。

结构：前后幅结构、大身结构、横头结构、大身围结构、袋底结构，前内有电话袋、后内有拉链袋等，在出格之前构想出一个基本结构才可以动手。

尺寸：一般情况先按客户提供的尺寸来做。如果尺寸不合理，做不出客户想要的效果，则必须跟客户沟通后，经客户同意才可修改尺寸再做。

纸格：纸格要清晰、完整（包括字体、名称、件数、纹路、定位、工艺、做法等），一个完整的纸格要让别人一看就知道该怎么做。

托底：要根据托底料的不同特性、袋子的档次（高档、中档、低档）、袋子的整体效果（软袋、半软袋、定型袋、硬袋等），来选择及确定所托的部位用哪种托底料。

资料：资料要详细完整，包括部件的名称、厚度、长、宽、数量、纹路，五金的名称、规格、型号、数量、所用的位置以及链布头尾制、总长、实长、牙长、数量等。所有资料要一目了然。

2. 准确性

准确性主要是指对纸格与资料的要求，纸格不准确做出来的袋子就不合格，就算勉强做一个袋板出来，如果不及时更正不足的地方，一旦到做货，会给生产部带来很大的麻烦，到那时亡羊补牢为时已晚。资料不准确直接影响成本计算的准确性，还会影响生产的进度，对以后再做板或生产大货留下隐患，很可能会带来巨大的损失。

3. 简化

在不改变外观、尺寸，不影响整体效果的前提下，纸格师傅首先要为车间生产着想，在大批量生产时，哪道工序、哪个环节能够用最快、最简单的做法去完成，就能达到降低生产成本的目的。

4. 统一化

同一个系列、同一组、同一个客户，包袋各部件的做法、资料及细节要做到统一，在客户没有特别要求的情况下，尽量做到与本厂传统和习惯的做法一致。比如拉牌、耳仔、肩带、手挽、内插袋等，尽量借用刀模，这样可节约成本，既提高生产效益，又降低生产时容易出错的机会。

5. 标准化

对于一项工作，要将目前大家确认是最好的方法作为该项工作的做工标准工艺，并不断改进与完善。出格师傅要严格遵守岗位职责，坚决执行目前已确定的标准工艺与流程。

6. 成本意识

例如，做真皮袋，袋底、盖底、后幅、内贴以及不容易看到的地方尽量剖开来做，包边、长肩带要分开两条或多条接驳来做，蛇皮因为张幅有限、价格很高，出格的时候要将尺寸控制在张幅以内，严格控制每一只板的成本，精简制作工艺流程，将成本控制在最低点才能在竞争激烈的环境中突围而出。

7. 学习提升

有时间多去皮具、手袋市场看看，学习和借鉴别人的新工艺、新思维。多与生产部的技术人员沟通，经常去现场走走，了解并积累生产中的先进技术，只有不停地给自己"充电"，才能跟上时代的潮流，才不会被淘汰。

8. 创新

很多人的思想观念太陈旧，总是抱着老一套不肯放，不愿意去想，也不肯接受新生事物，这样的人只能一辈子呆在一个地方，一旦去到一个新的环境便无所适从。一个聪明能干的出格师傅，不只是出完纸格就算了，要会思考并设计一些新的比较适用的配件和工艺，使它能在更多的款式上应用，并能流行较长一段时间，由一个流行款式演变出一组、一个系列，甚至更多更新的变化组合。

2.1.4 打折的几种方法

刚学出格和出格时间不长的人，都不了解、不明白做打折袋的技巧。为此，介绍几种打折的方法。

打折分为肥折和瘦折，还有橡筋缩折和拉线缩折。

①肥折：其特点是立体感很强，折皱纹向外突出，使打折部位底部很肥大。肥折的形状像山峰，如图 1 所示。

②瘦折：也就是平折，它的折皱纹向上或向下延伸。瘦折的形状如图 2 所示。

③橡筋缩折：橡筋缩折是利用橡筋的弹性，将橡筋拉长后车在面料上，当橡筋放

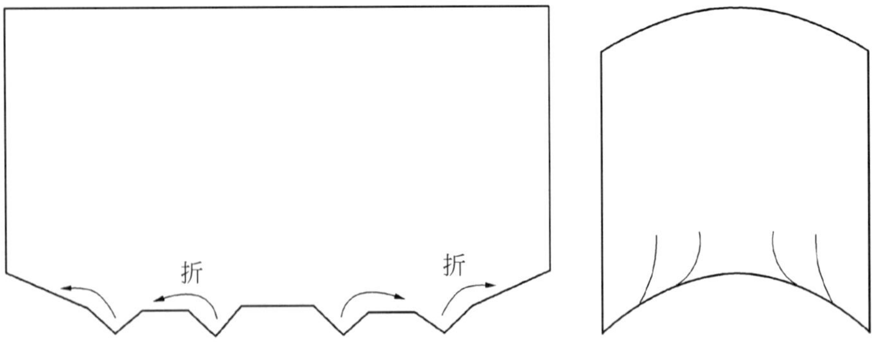

图 1　肥折

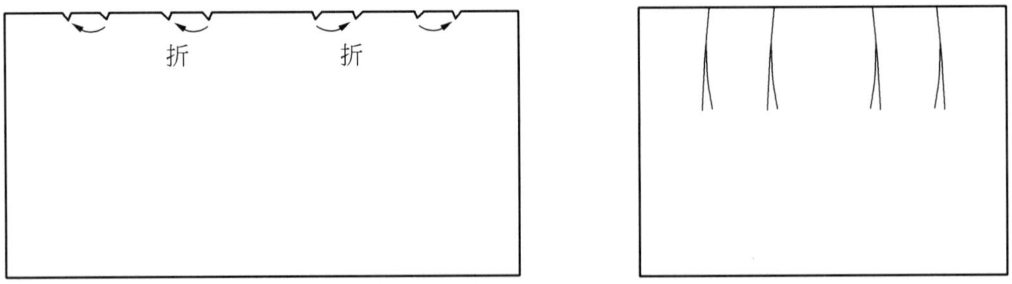

图 2　瘦折

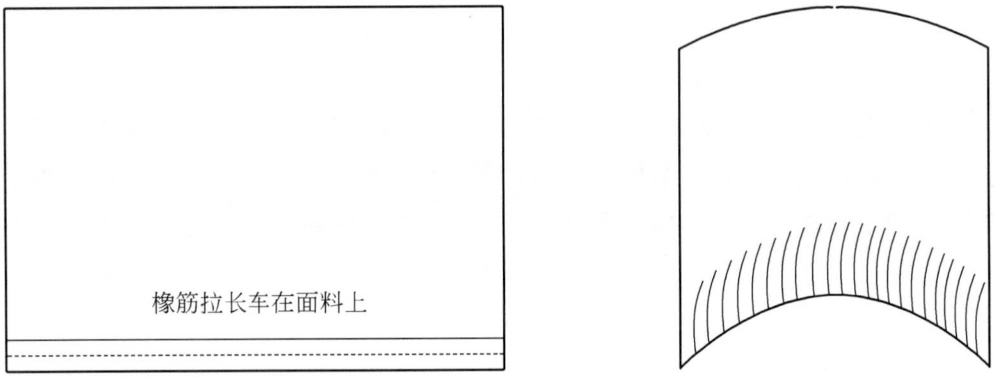

图 3　橡筋缩折

松缩回的时候，面料就会自然形成许多细小均匀的折皱纹，橡筋缩折如图 3 所示。

④拉线缩折：拉线缩折是借用橡筋缩折的原理，先把电车的面线调到最松和最疏，然后在面料上车一行线，用力拉缩面线的一头，使面料缩回形成许多细小均匀的折皱纹。此种做法可减少橡筋的成本，而做出来的效果同橡筋缩折一样，也可以把电车的面线调到最紧与最密，在面料上车线的时候，因为线紧的原因，自然就把面料缩回形成许多皱纹，不必再拉线了。

2.1.5 纸格纹路标示

纸格中，一般用箭头标示物料条纹花纹的方向。常用的都是以底纹来开料，但也有以面纹来开料的。为了区分是以底纹还是面纹来开料，因此还要在箭头旁写上“底纹”或“面纹”。

底纹区分：箭头的方向也就是直纹方向。

面纹区分：箭头所指的方向就是物料的面纹走向。

斜纹区分：箭头所指的方向就是物料的倾斜方向（45°角）。

不分纹表示：任意开一个方向都可以，但不能斜着放来开料。

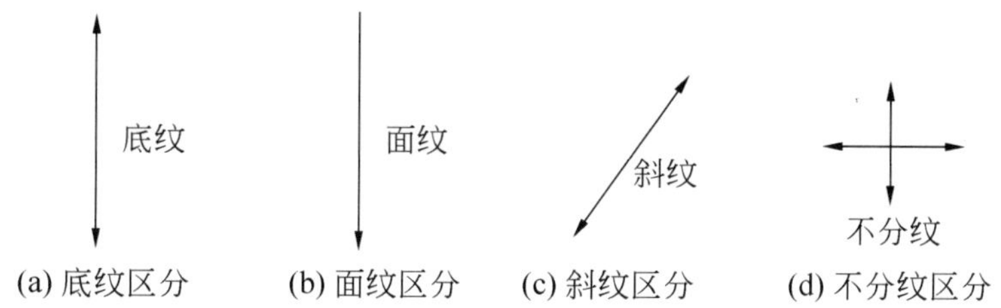

图 4　纸格中开料纹路的表示

包袋外观一眼就能看到的部分，一般开同一纹路方向，如果纹路不同，看起来颜色就会有差别。就生产和美观角度来讲，折边位和车反位的那一边开直纹，经常弯曲的部分开横纹。就物料承受力来讲，直纹能承受较大拉力，横纹受拉力大时就会变长、变形。以上开料纹路区分只是对主、配料与里布，不包含纸类与托底类。条纹花纹方向与纸格纹路标注如图 5 所示。

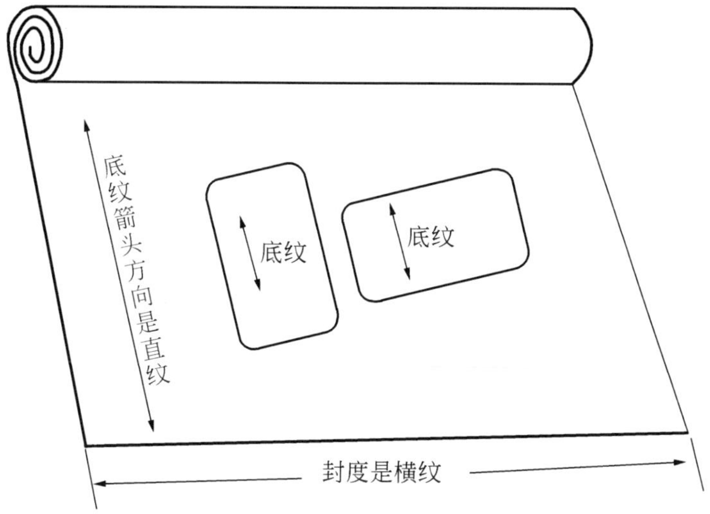

图 5　物料条纹花纹方向与纸格纹路标注

2.1.6 出格跟踪

板房出格跟踪表

接单日期	款　号	客　户	完成日期	出格日期	出格人	备　注	收格人

2.1.7 手袋及银包部件名称与工艺

手袋及银包的名称目前还没有统一规范化，每间厂，甚至于每个人，口头上的叫法与用文字表达出来的方式，会用不同的术语来表达。

为了能和生产部门有更好的交流，大家能有一个共识，减少因为叫法与文字理解的错误而带来的困扰，本书将大众化普遍使用的部件名称与工艺术语统一如下。

1．手袋部件名称参见图 6、图 7

前后幅——袋主体前后独立的部件。

大身——前后幅与底连成一件过的部件。

横头——袋子两边侧面独立的部件。

底围——侧面与底部连成一件过的部件。

侧围——组成大身围的侧面部件，它们的驳口可以在侧面也可以延伸至底部。

袋底——袋底部，比前后幅长度短。

贴——指袋子上装饰的细小部件。贴用在什么部位，就在名称前加上该部件的名称。

内贴——各种袋口内的部件。

链贴——粘上拉链布的部件。链贴用在什么部位，就在名称前加上该部件名称。

拉手——粘在拉链布两头，一边固定的小部件。

引手——穿在链头上当拉手用，又当作装饰用的小部件，可以是各种形状。

耳仔——套在五金上或受力的部件。耳仔用在什么部位，就在名称前加上该部件名称。

俐仔——广东人叫动物的舌头为“俐”，即像舌头的形状，是用来当作开关或装饰用的细长部件。

外袋——袋外面的各种立体袋子。外袋用在什么部位，就在名称前加上该部件名称。

插袋——袋体各个层面上的平面袋子。插袋用在什么部位，就在名称前加上该部件名称。

吊袋——袋体中深度不到主袋底部的小袋子，多指拉链窗的里袋。

拉链窗——车有拉链布，宽度不到部件两头的吊袋窗口。

中格——把主袋分成两个或多个空间的隔层。

背带——可以用双肩来背在后背上的带子，一般都是活动和可调节的。

肩带——可以用来挎在肩膀上的带子，一般总长为 46″～58″，可以用日字扣调节；长、短肩带用针扣或奶嘴钉来调节。

手挽——各种袋子的手提用部件，有单带、双带或者是塑胶和五金制品。

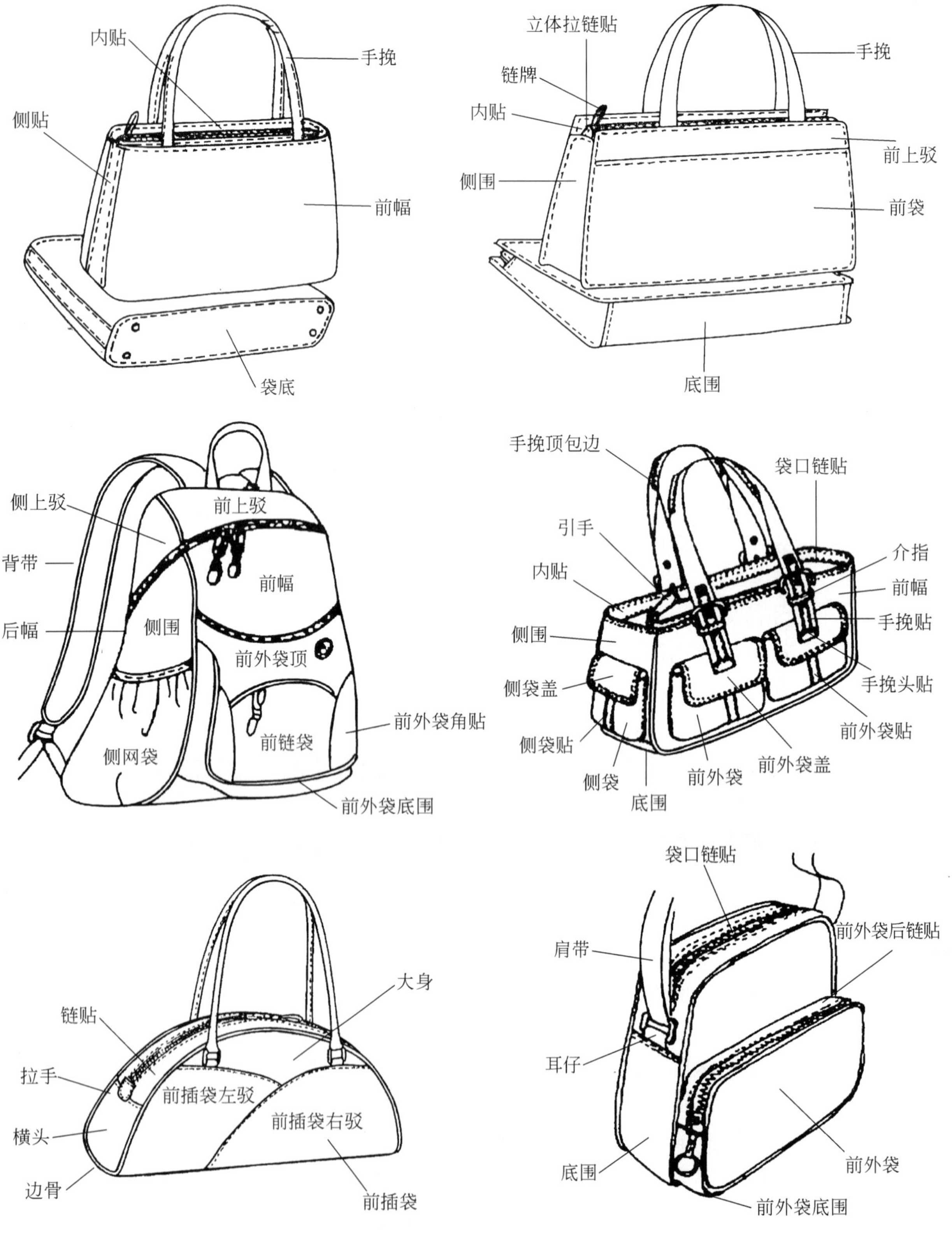
内贴
手挽
侧贴
前幅
袋底
立体拉链贴
手挽
链牌
内贴
前上驳
侧围
前袋
底围
侧上驳
前上驳
背带
前幅
后幅
侧围
前外袋顶
前外袋角贴
前链袋
侧网袋
前外袋底围
手挽顶包边
袋口链贴
引手
介指
内贴
前幅
手挽贴
侧围
手挽头贴
侧袋盖
前外袋贴
侧袋贴
前外袋盖
前外袋
侧袋
底围
大身
链贴
拉手
前插袋左驳
前插袋右驳
横头
边骨
前插袋
袋口链贴
前外袋后链贴
肩带
耳仔
底围
前外袋
前外袋底围

图 6　手袋部件名称（一）

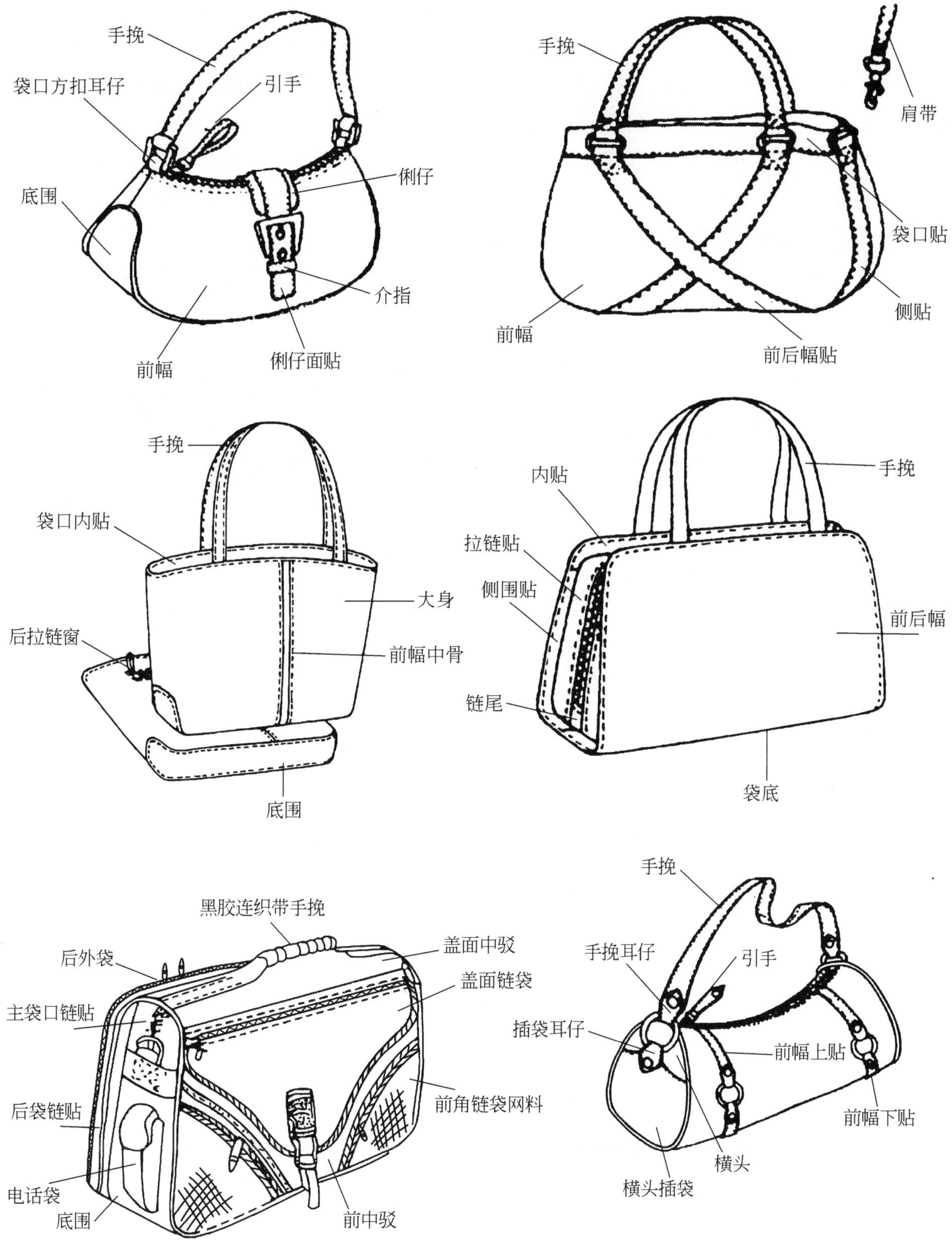
手挽
袋口方扣耳仔
引手
俐仔
底围
介指
前幅
俐仔面贴
手挽
肩带
袋口贴
侧贴
前幅
前后幅贴
手挽
袋口内贴
大身
后拉链窗
前幅中骨
底围
内贴
手挽
拉链贴
侧围贴
前后幅
链尾
袋底
黑胶连织带手挽
后外袋
盖面中驳
盖面链袋
主袋口链贴
前角链袋网料
后袋链贴
电话袋
底围
前中驳
手挽
手挽耳仔
引手
插袋耳仔
前幅上贴
前幅下贴
横头
横头插袋

图 7　手袋部件名称（二）

里布——内袋的里层材料，盖底、插袋内等也会用里布。里布用在什么部位，就在名称前加上该部件名称。

盖头——用以遮住袋口，有盖面、盖底和托料等，它可以用磁钮或拧制等开关，也有装饰作用。盖头用在什么部位，就在名称前加上该部件名称。

介指——套在针扣耳仔上或车在其他部件上的长条形物件，因为它做好后呈圆形，像戒指而命名。

笔插——用来插笔的小部件。

以上介绍的是手袋主要常用部件名称，但还有很多托底及细小部件，需要出格师傅根据其用在什么部位，就在名称前加上该部件名称。

2. 银包部件名称（参见图 8）

卡贴——卡片袋口的一块贴料，它是减少用料以节约成本和减低厚度的一种做法。卡贴位露在外面的宽度在 8～16 mm 之间，常用的宽度是 10 mm；卡贴位搭在里面的宽度在 8～13 mm 之间，常用的宽度是 8 mm。卡贴是用真皮做的，要过大铲皮机使其厚度在 0.9 mm 以内，卡贴用在什么部位，就在名称前加上该部件名称（例如：侧卡贴、活页底卡贴等）。

顶贴——卡片袋口最顶端的一块贴料，它的作用、规格、要求同贴口一样，与贴口不同的只是切位和折边位，大部分顶贴上下两边都是散口。顶贴用在什么部位，就在名称前加上该部件名称。

中贴——银包打开正中间竖向的贴料。

中间长贴——银包中格顶的贴料。

镜窗——在卡袋上开的一个窗口，窗口形状的设计是多种多样的，有用透明胶也有用网料来做。

卡袋——插卡位最下边的一个袋子，一般都是用整块料或皮料做的。

亦袋——银包上的立体形袋子，也叫散纸包。

链袋——袋口车有链布的袋子。

亦仔——银包侧面组成包体或袋体的部件。如果一个包体上有几个亦仔，用在什么部位，就在名称前加上该部件名称（例如：前亦仔、内亦仔等）。

活页——能够活动或者打开的部件。加上活页是为了体现银包的方便性与功能性，有的活页可以拿出来单独使用，不用的时候又可以放回银包里。

大面——前后一件过的部件，独立一件过的后幅也叫大面。

以上是银包主要常用部件名称，但还有很多细小部件，需要出格师傅根据其相关部件形象来命名。

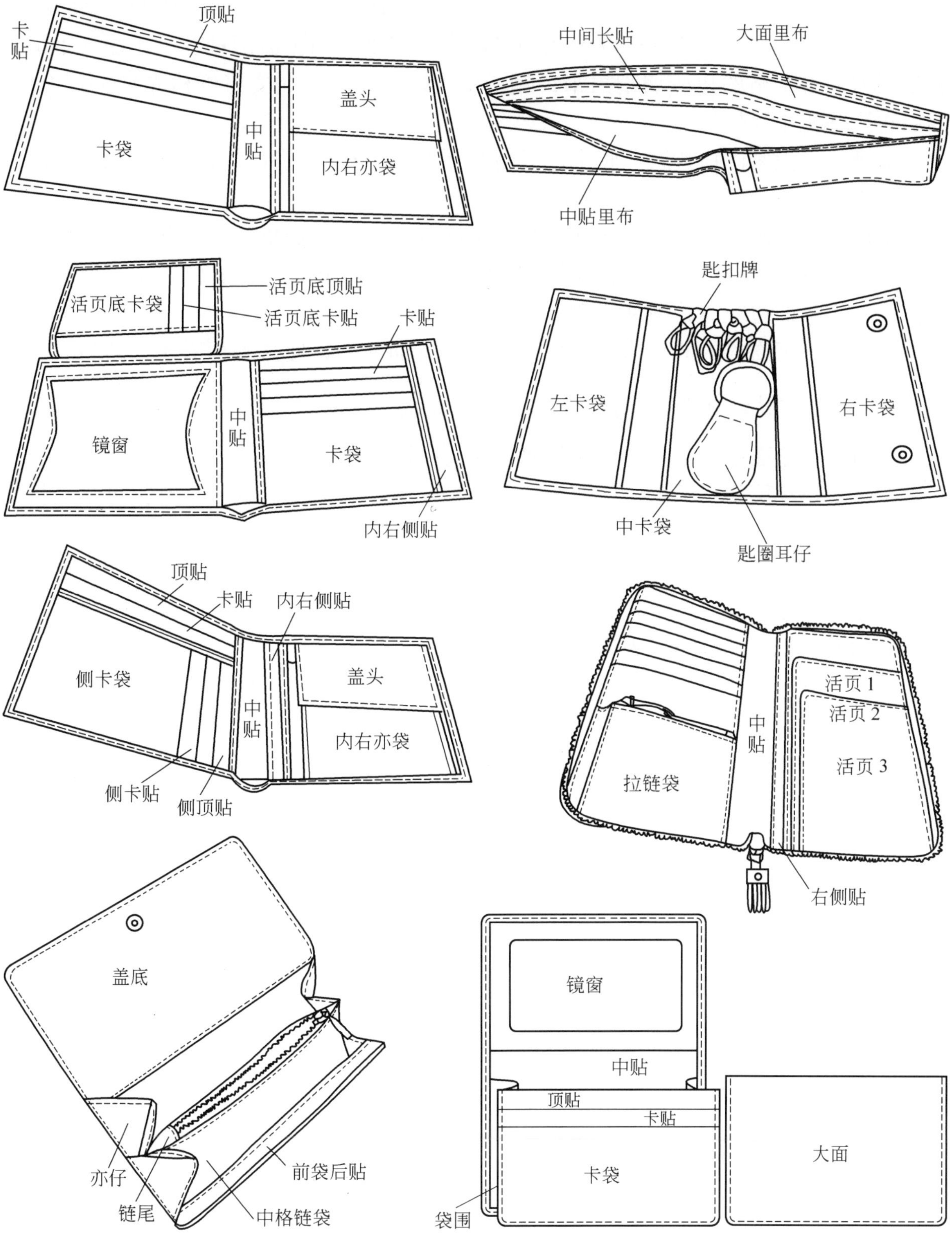
卡贴
顶贴
卡袋
中贴
盖头
内右亦袋
中间长贴
大面里布
中贴里布
活页底卡袋
活页底顶贴
活页底卡贴
卡贴
镜窗
中贴
卡袋
内右侧贴
匙扣牌
左卡袋
右卡袋
中卡袋
匙圈耳仔
顶贴
卡贴
内右侧贴
侧卡袋
中贴
盖头
内右亦袋
侧卡贴
侧顶贴
活页 1
活页 2
活页 3
中贴
拉链袋
右侧贴
盖底
亦仔
链尾
前袋后贴
中格链袋
镜窗
中贴
顶贴
卡贴
卡袋
大面
袋围

图 8　银包部件名称

3．手袋及银包的工艺表示与解释（参见图9、图10及图11～图21的纸格标示）

开料——在物料上按纸格的形状切割出来，有手工和机器两种开料手法，手工开料是用刀顺着纸格的边缘切割出来；除了切条外，机器开料要将纸格先拿去打刀模，然后再用啤机来开料。

双补——把两件物料涂上胶水之后再粘在一起。还有一种双补中夹，就是在两件物料的中间再加一层物料，共有三层粘在一起。

铲皮——把部件的边缘需要进一步加工的部分放进机器里铲薄一些。做真皮经常要铲皮。铲皮分为大铲和单铲，大铲就是将整块皮放进铲皮机，铲成需要的厚度；单铲只是铲去皮的边缘或其中某些部分。

折边——把物料的散口边涂上胶水，然后折向底面，使从外面看不到料口。一般折边位是$\frac{3}{8}''$，真皮折边位是$\frac{2.5}{8}''$。

包折——把面层的物料边包住其他部件，一起折边。

空折——单层物料不用托任何东西来折边叫空折。为提高效率，空折可采用折边机折边。

油边——给物料的散口边涂上一层有颜色边油，可以节省物料，体现高档做法。

刨边——把部件散口边高低不平的地方用沙轮机磨平叫刨边。一般是双面料补或中夹底面看得见的部件需要刨边。

磨边——一般散口部件油边一次以后，当表面有起粒不平时就需要磨边。磨边一般是用布轮机，有时也会采用沙纸来磨边。

包边——把一个部件或一个袋体的散口边缘用一条物料包起来。出筒包边：外包边散口宽$\frac{6}{8}''$，双回口宽$1\frac{2}{8}''\sim1\frac{3}{8}''$、单回口宽$1''$；内包边织带宽$\frac{3}{4}''\sim\frac{7}{8}''$，有骨宽$\frac{7}{8}''\sim1''$；内包边里布双回口宽$1\frac{3}{8}''\sim1\frac{4}{8}''$。银包有手工包边，手袋在特殊的情况下才会采用手工包边。

飞边——不用涂胶水，把物料的边放进筒里车出来。飞边有二行线。一般尼龙袋才会飞边。

捆边——先将一条宽$\frac{7}{8}''\sim1''$的物料放在部件的散口边，车上一行宽为$\frac{3}{32}''\sim\frac{1}{8}''$的暗线，然后给物料的底边涂上一层胶水，待胶水干后把捆边物料向部件底边包紧。捆边都是用手工完成的，它做出来的效果高档，有立体感。捆边的边位在$\frac{1}{8}''$宽左右。

车反——把两件或多件物料缝制在一起，一般车反位的止口在$\frac{2}{8}''\sim\frac{3}{8}''$之间。

分骨——就是把车反位的止口往两边分开摊平，如果是分骨后不用压线就需要擦

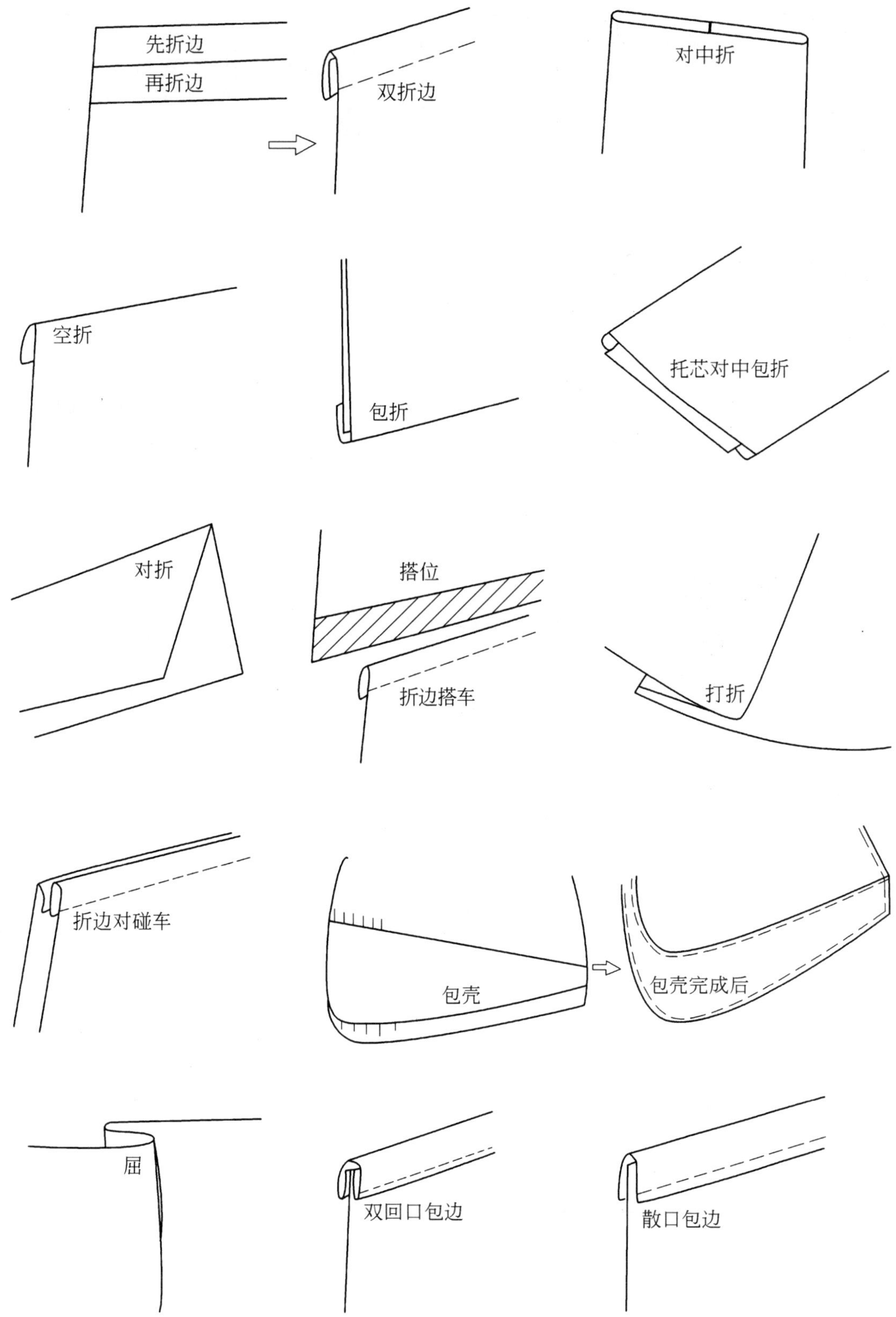
先折边
再折边
双折边
对中折
空折
包折
托芯对中包折
对折
搭位
折边搭车
打折
折边对碰车
包壳
包壳完成后
屈
双回口包边
散口包边

图 9　手袋工艺表示（一）

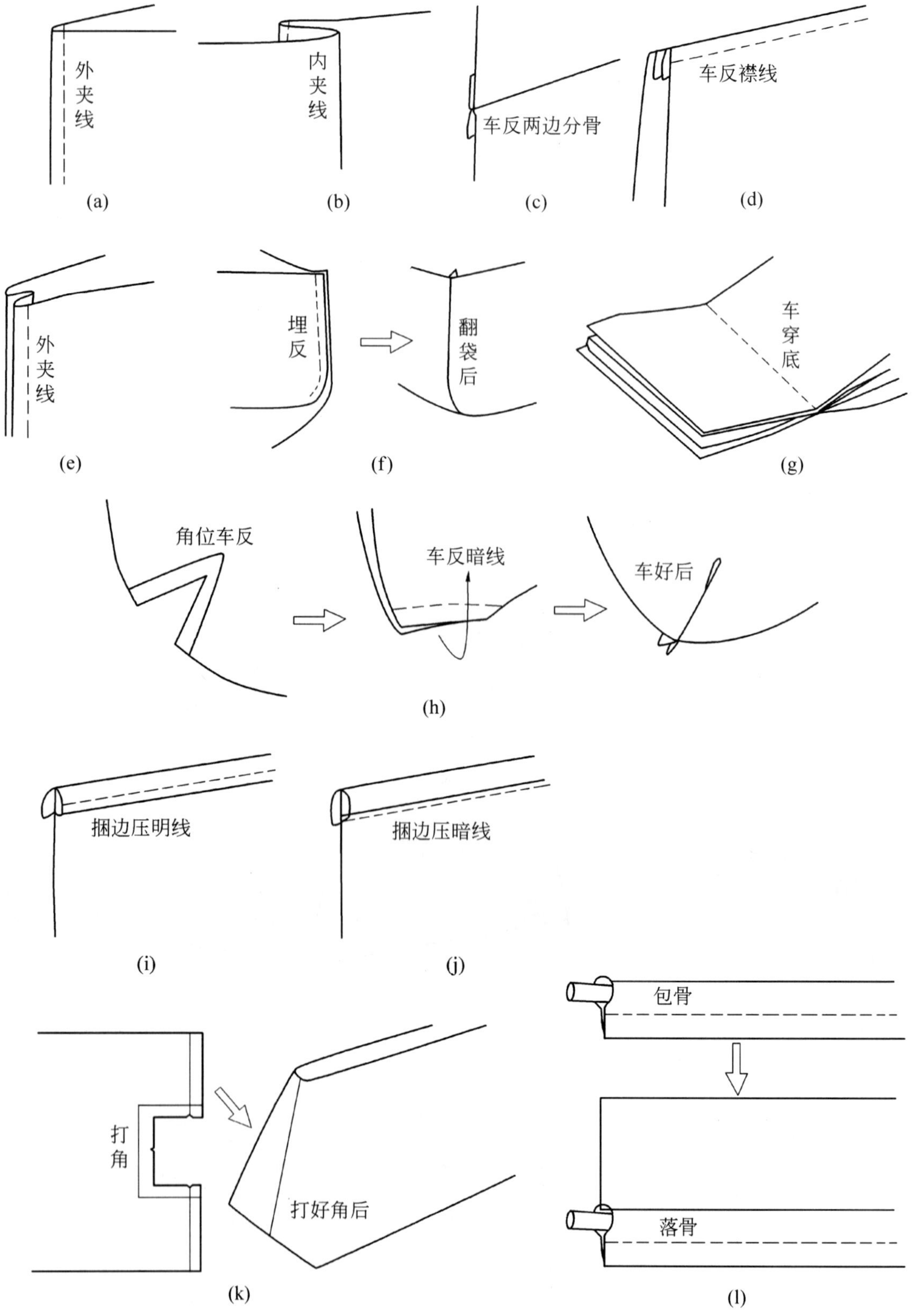
外夹线
(a)
内夹线
(b)
车反两边分骨
(c)
车反襟线
(d)
外夹线
(e)
埋反
翻袋后
(f)
车穿底
(g)
角位车反
车反暗线
车好后
(h)
捆边压明线
(i)
捆边压暗线
(j)
打角
打好角后
(k)
包骨
落骨
(l)

图 10　手袋工艺表示（二）

胶水来分骨。

车反分骨襟线——先在两件或多件物料的底面车反暗线，分骨后在物料的正面车明线。一般情况下尽量不要擦胶水来分骨襟线，因为胶水会渗透到物料的表面，使物料表面的颜色变得很难看，会导致浅色袋子报废。

暗线——从正面看不到的线。

明线——从正面能看到的线。

假线——只车穿面层料不车穿底的线。

手缝线——用手缝针缝制的线。

人字线——一种用电脑车车出像人字形状的线，稀密可以调节。

打角——角位的形状是“∟”形，把角位的形状结合在一起形成的立体效果叫打角。

打折——常见的打折，就是在一件物料上把牙位与牙位之间的物料按指定的方向重叠起来，使物料的表面形成许多皱纹，达到一种特别的立体美感。此外还有两种打折：橡筋缩折与拉线缩折（见 2.1.4）。

骨芯——是用塑料做的，多数是圆形，有不同的型号粗度：物料宽$\frac{3}{4}''$包 13＃骨芯；厚的物料，宽$\frac{7}{8}''$包 12＃和 10＃骨芯，物料宽 1″包 8＃骨芯等。骨芯的作用是使袋子的外形边缘丰满，有装饰作用。

防水骨——也叫 T 骨，也是用塑料做的，有胶骨边和不同颜色，不用包骨料也可以直接车在袋子上。防水骨外面需再加包骨料的，包骨料宽度和防水骨粗度的选用与骨芯的一样，作用也相同。

包骨——在骨芯或防水骨的外面包上一层物料，使它的颜色与袋子看起来协调。包骨一般都是用筒车出来的；真皮包骨是用手工涂胶水来包的，大厂是用机器做出来的。

落骨——把包骨再车在袋子的边缘上，一般用 DY 车。

埋反——把手袋的几个部件组合在一起，形成一个手袋或一个部位的立体袋形。

搭位——一件物料放在另一件物料上面来车的位置，也就是面层物料搭在底层物料上的宽度。

牙位——纸格边缘的一个 V 形剪口，剪口深度在 1.5 mm 左右，宽度在 2 mm 左右。它的作用是用来定位，即方便生产也防止袋子形体歪曲。

刀位——在物料的边缘或者其他地方切一个口，方便在其中某段折边或车反等。刀位要注明刀长尺寸（mm），防止刀位不准确导致出现爆口。

针位——在物料的表面刺出记号方便生产，一般做尼龙料和里布等经过要有针位，可以提高生产效率。时款袋做真皮或高档料时不用针位，一般采用人工点位，因为针位处理不好会露出针孔在外面。

孔位——在物料上打上圆形、方形、菱形等不同规格的孔位。孔位是用来打钉、打鸡眼、穿绳或用作装饰的。

弯位——经常弯曲的部位，比如手挽、盖头、俐仔等。从美观的角度出发，一般经常弯曲的部位开料要开横纹，特殊的情况还有开斜纹的。

抛位——物料在一条直线上凸出的部分，长的与短的合并在一起时，其差数叫抛位。抛位的数据根据部位及形体的要求来决定，例如，盖面与盖底的抛位是$\frac{3}{16}''$以内，袋口与内贴的抛位在$\frac{2}{8}''$以内等。

臌位——在料与托底的中间加托一些东西，使其鼓涨起来，做好后看起来有立体感，有饱满的手感。

切位——把一个部件边缘的其中某段切去叫切位。切位的作用是减低物料的厚度，使部件边缘平整。

偷空——把一件物料的其中某部分切去叫偷空。偷空也是减低物料的厚度（例如盖面与盖底的托底偷空、链贴面与链贴底的偷空等），有的是为了方便其他工艺操作（例如拉链窗的托底偷空是为了方便折边，链窗贴的偷空是为了便于车拉链布等）。

叉刀——像Y字形的刀，一般在窗口处折边用。

洗水——把物料或做好的袋子拿去用水洗，洗完之后的物料或袋子的颜色比之前淡许多，给人一种带有牛仔风格的感觉，而且经过洗水的物料或袋子不容易掉颜色，无毒。

浸染——一种新工艺，就是把物料或做好的袋子放进溶有化工原料的水池里浸泡，使物料或袋子染上其他不同颜色。浸染会使物料或袋子收缩变小、物料表面变得比较粗糙、袋子的形体变得有些扭曲，给人一种沧桑、怀旧而又时尚的感觉。

电压——手袋银包的电压大部分是用高周波来完成的，高周波是一种电压机器。电压就是把两件或多件物料，通过电压的手段使它们结合在一起，做游泳用品、防水用品、充气用品等都是采用电压工艺。电压工艺的特点就是密封性能好。

热压——通电把热压模加热到合适温度，然后在物料的表面压上图案或其他线条等。热压一般不能使两件物料结合在一起。

2.1.8 纸格的标示

2.1.8.1 手袋纸格标示

手袋纸格的标示见图11。

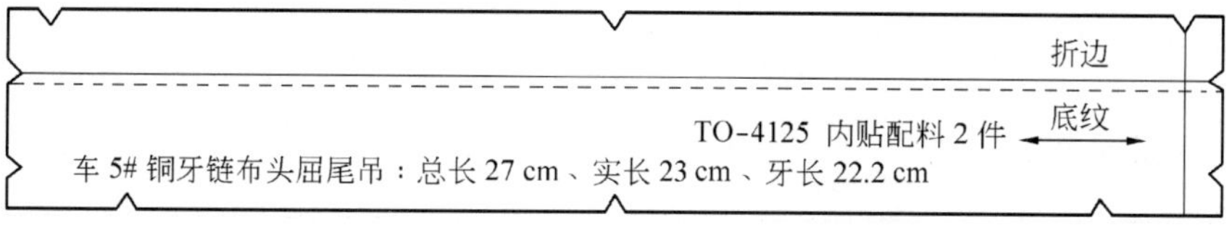

(a) 内贴

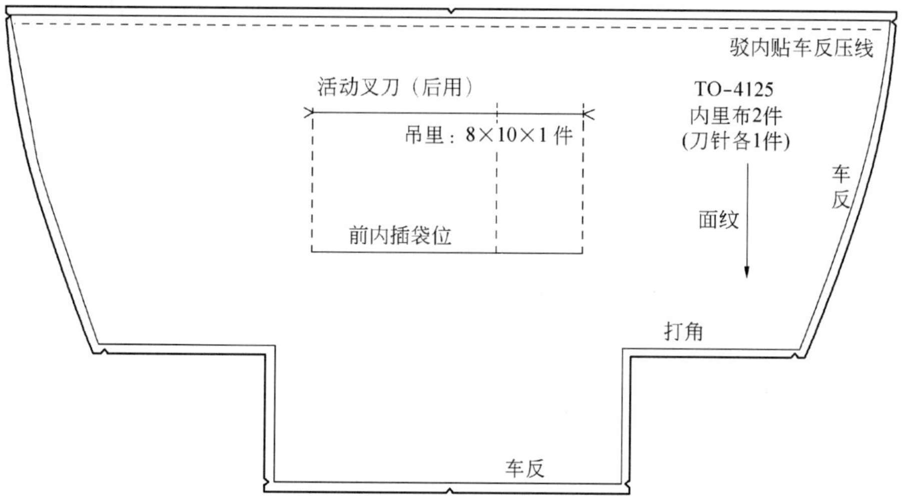

(b) 内里布

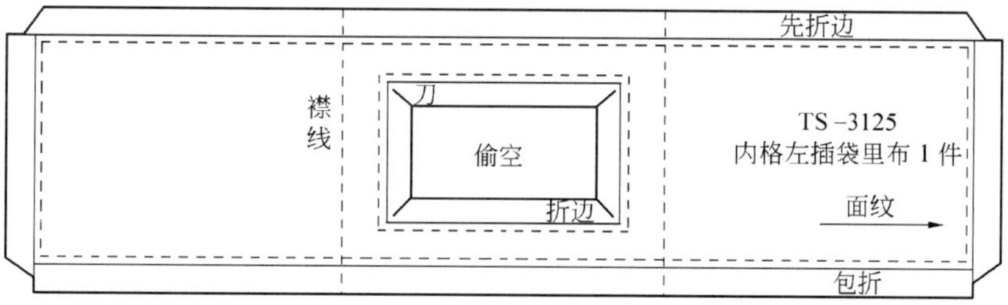

(c) 左插袋里布

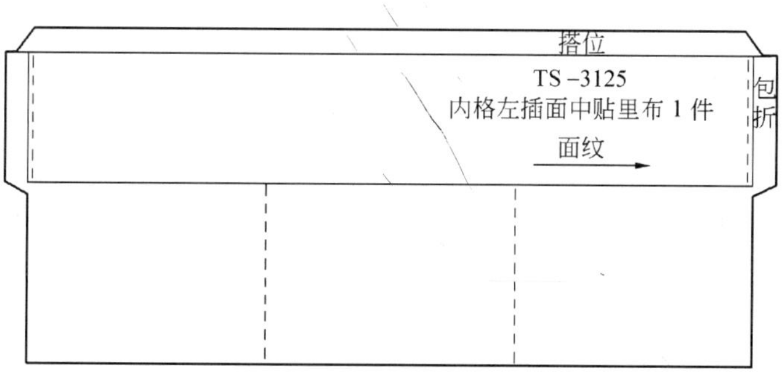

(d) 中贴里布

图 11　手袋纸格标示

2.1.8.2 银包纸格标示

银包纸格的标示见图 12。

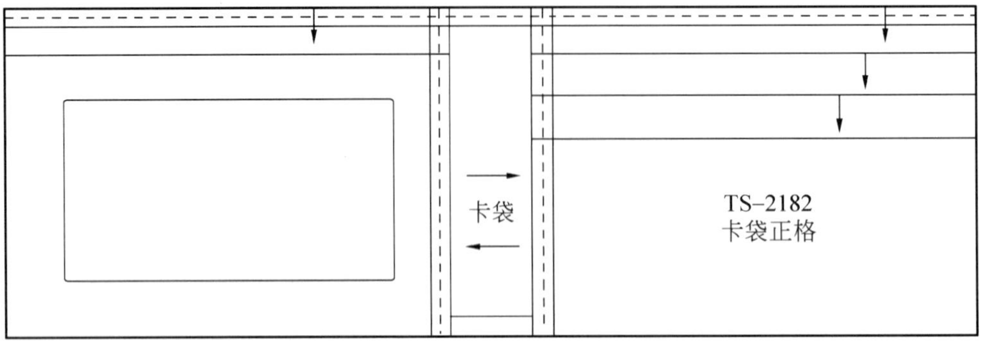

(a) 卡袋正格

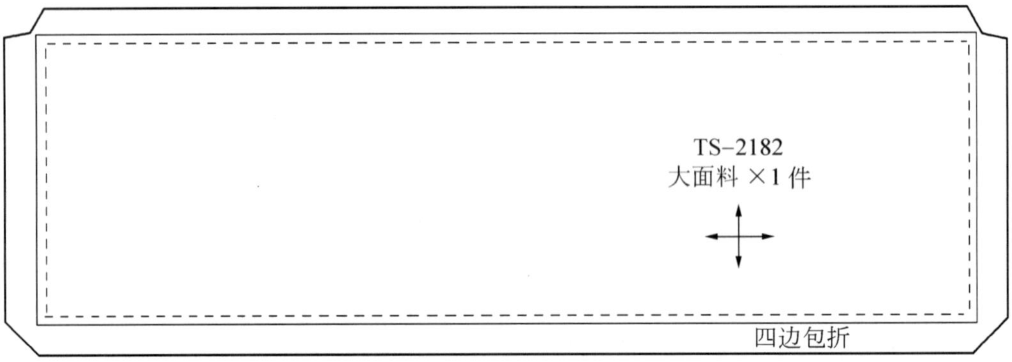

(b) 大面料

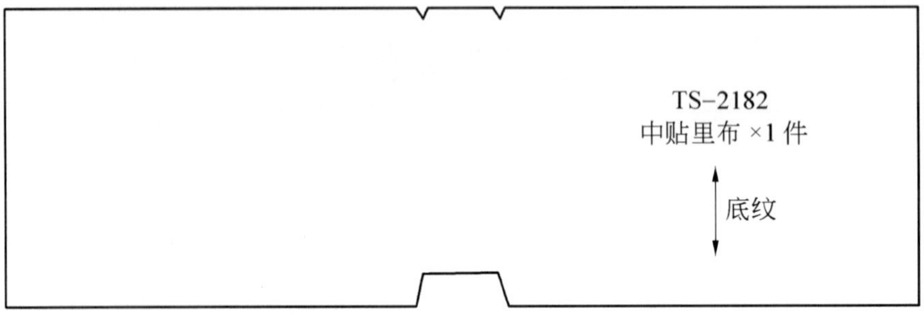

(c) 中贴里布

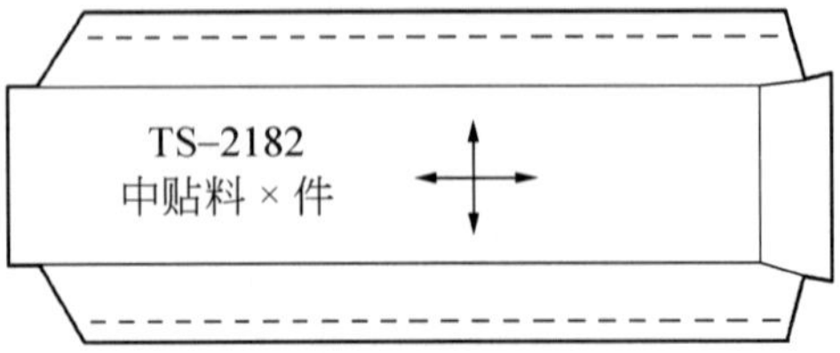

(d) 中贴料

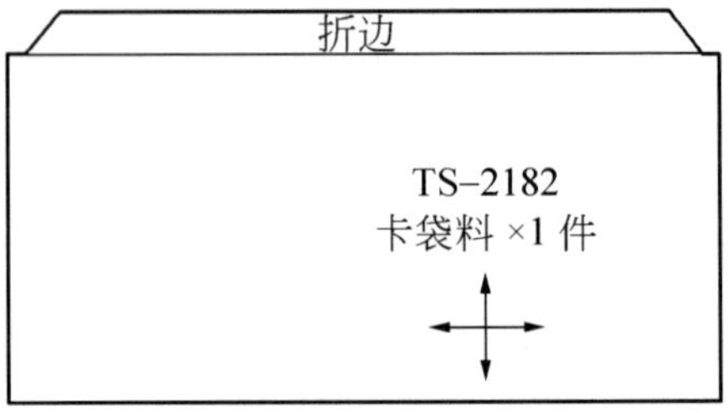

(e) 卡袋料

图 12　银包纸格标示

2.1.8.3 配件纸格标示

配件纸格的标示见图 13～图 18。

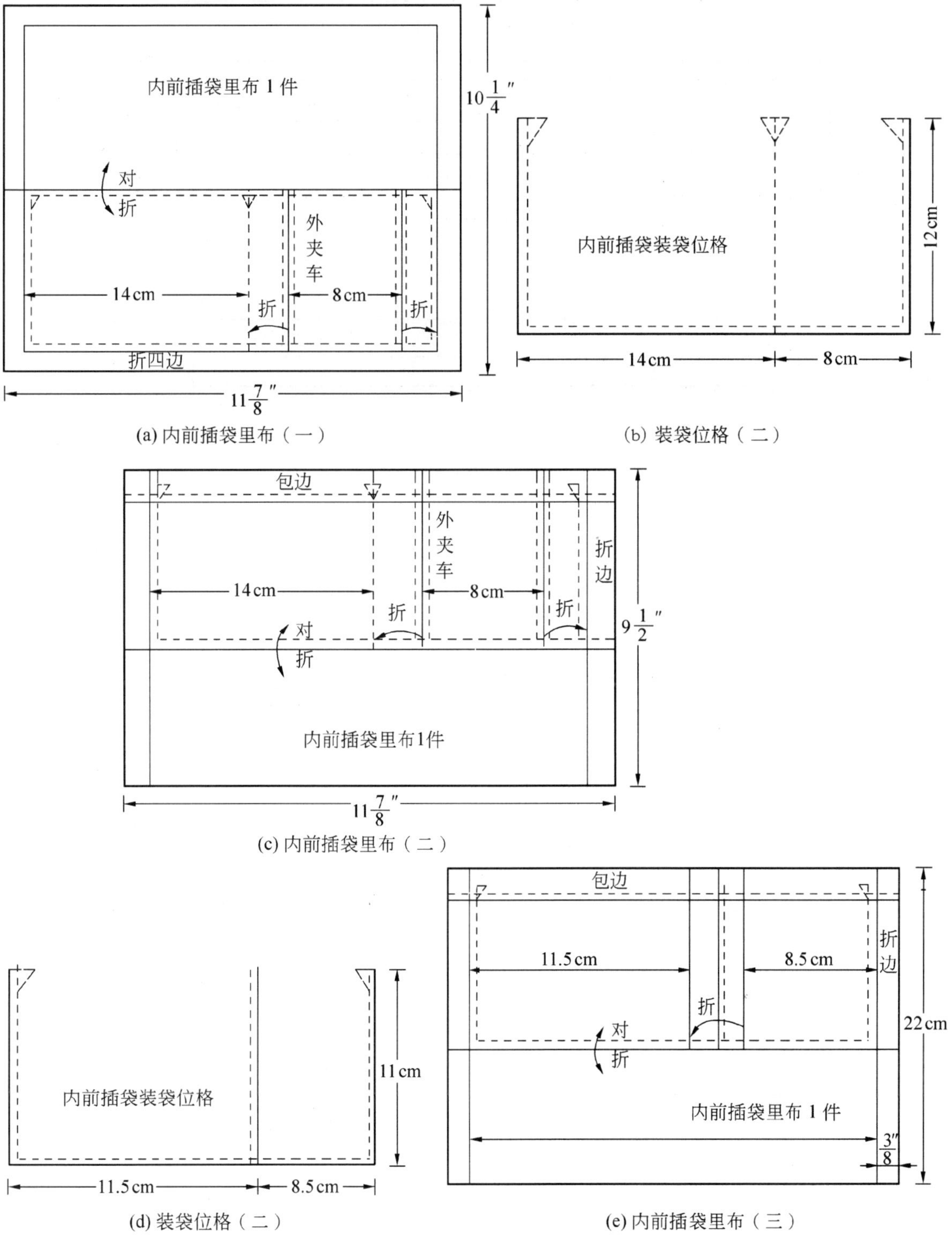

(a) 内前插袋里布（一） (b) 装袋位格（二）

(c) 内前插袋里布（二）

(d) 装袋位格（二） (e) 内前插袋里布（三）

图 13 配件纸格标示（内插袋普通做法）

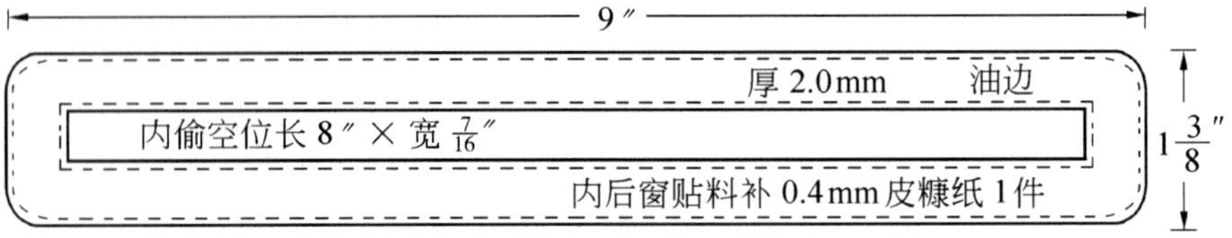

(a) 内后窗贴料补 (一)

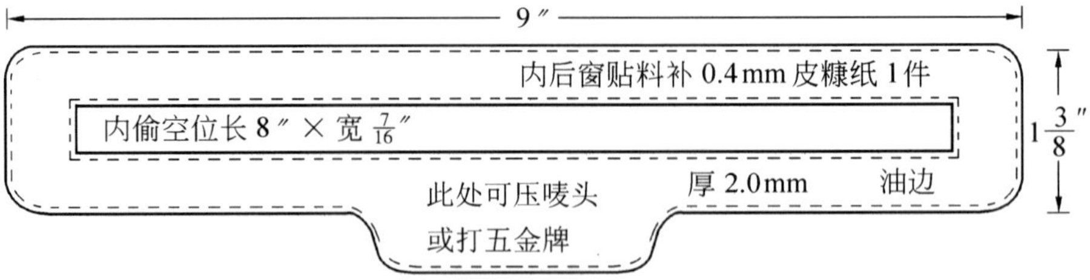

(b) 内后窗贴料补 (二)

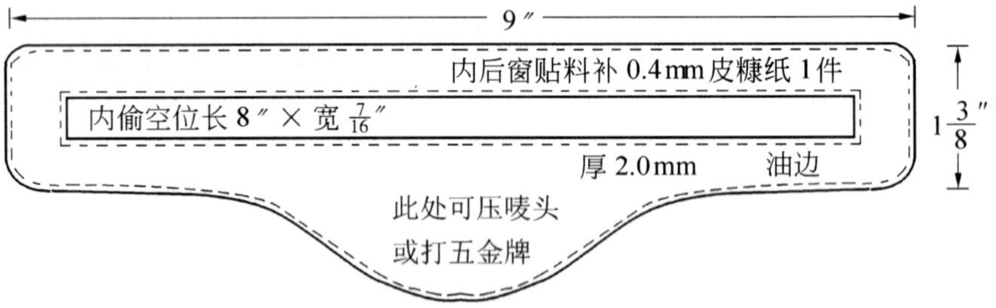

(c) 内后窗贴料补 (三)

图 14　配件纸格标示（内后窗贴普通做法）

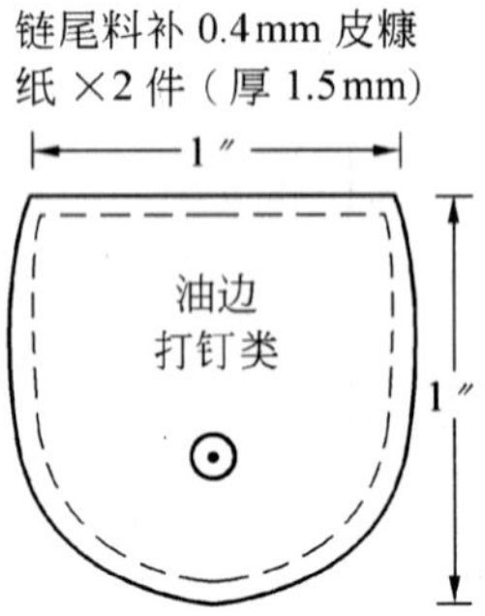

(a) 链尾料补（一）

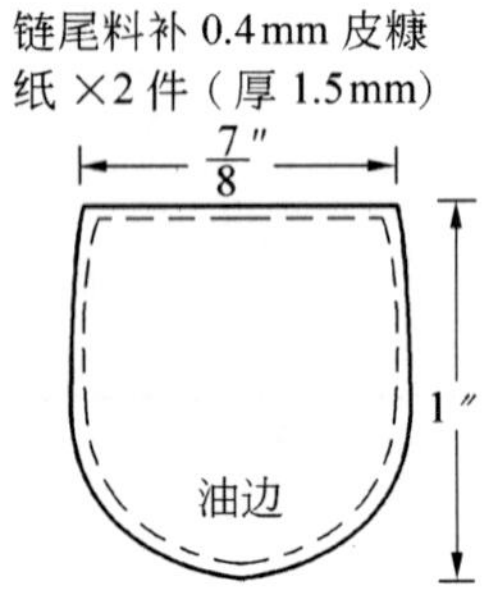

(b) 链尾料补（二）

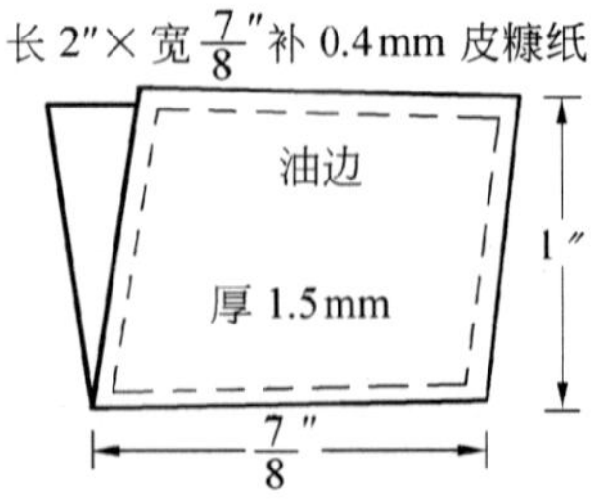

(c) 链尾料散口做法

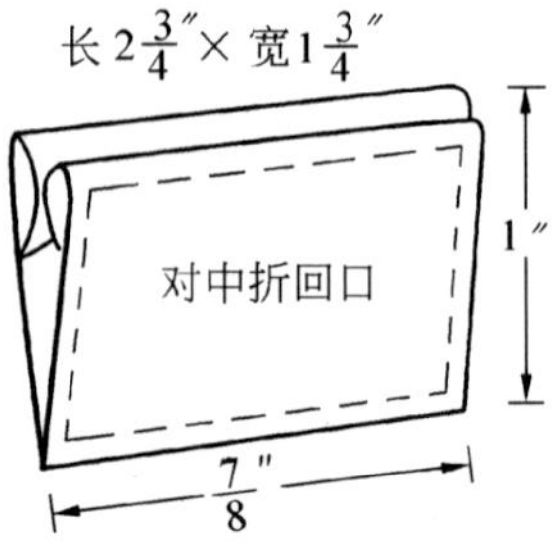

(d) 链尾料双回口做法

图 15　配件纸格标示（链尾贴普通做法）

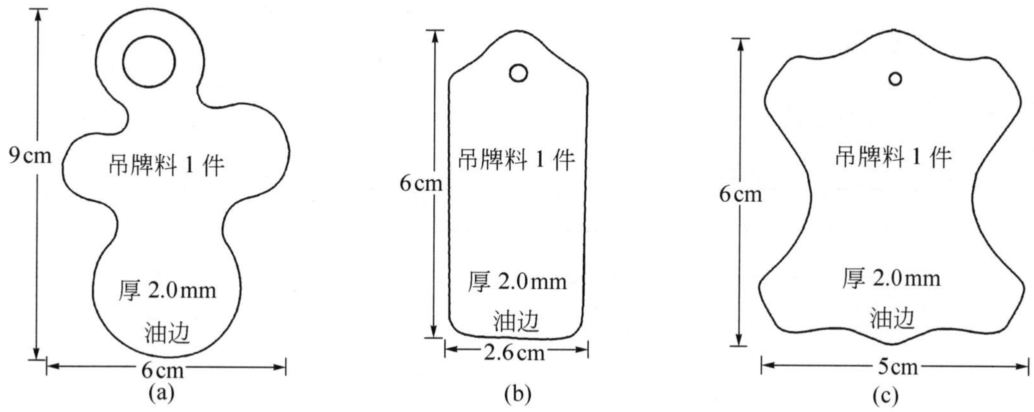

图 16　配件纸格标示（吊牌标准做法）

料补 0.4mm 皮糠纸及细珠帆、皮补细珠帆厚 1.5mm

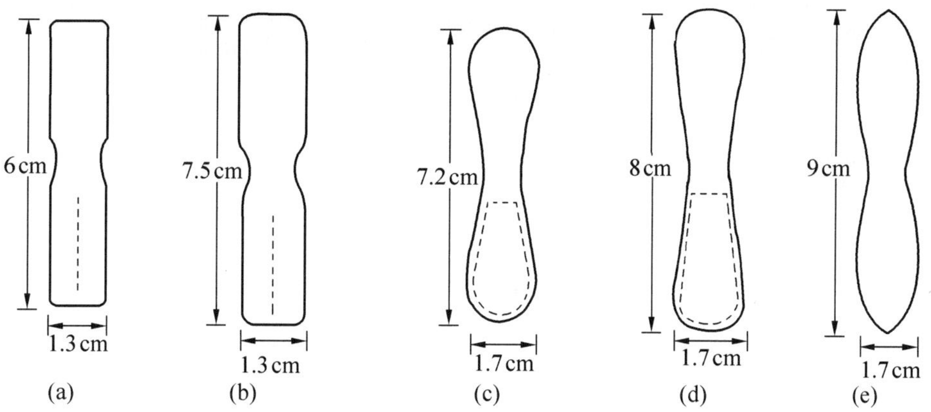

图 17　配件纸格标示（引手普通做法）

散口油边补 0.8mm 软杂料或补 0.8mm 皮囊总厚度 1.6mm

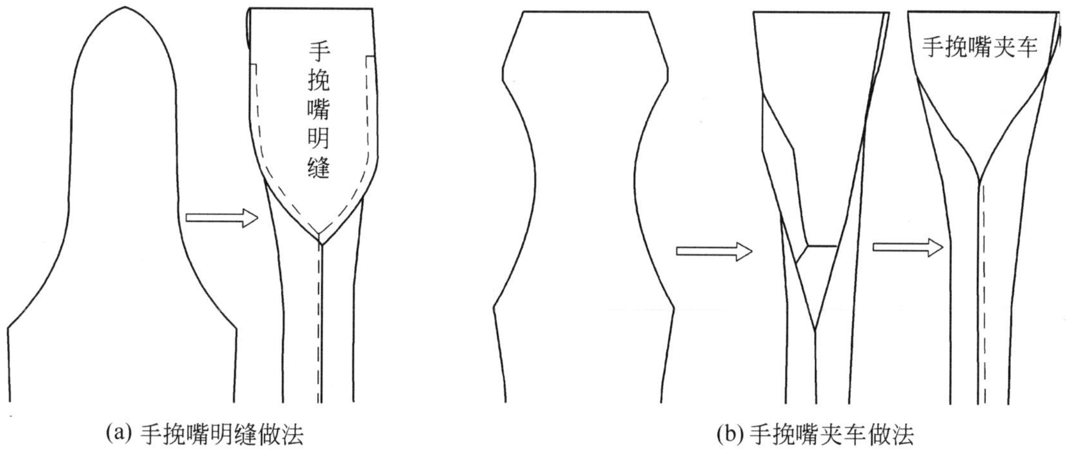

图 18　配件纸格标示（常用包棉芯手挽做法）

2.1.8.4 内里做法标示

手袋内里配件做法标示见图 19。

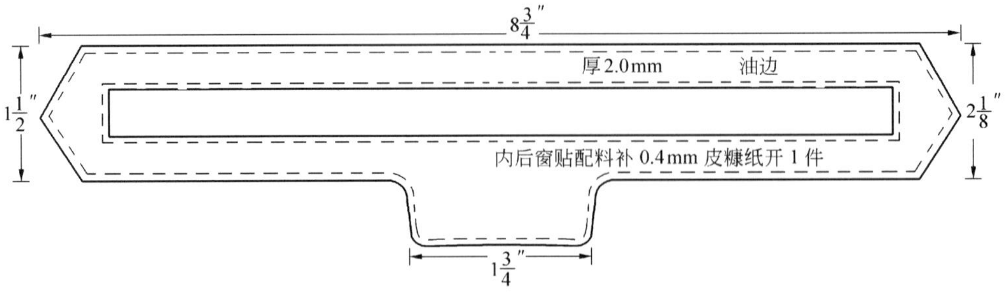

(a) 内后窗贴

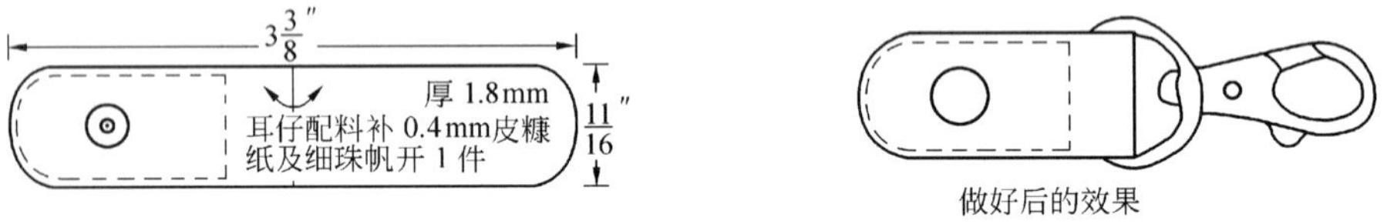

(b) 耳仔

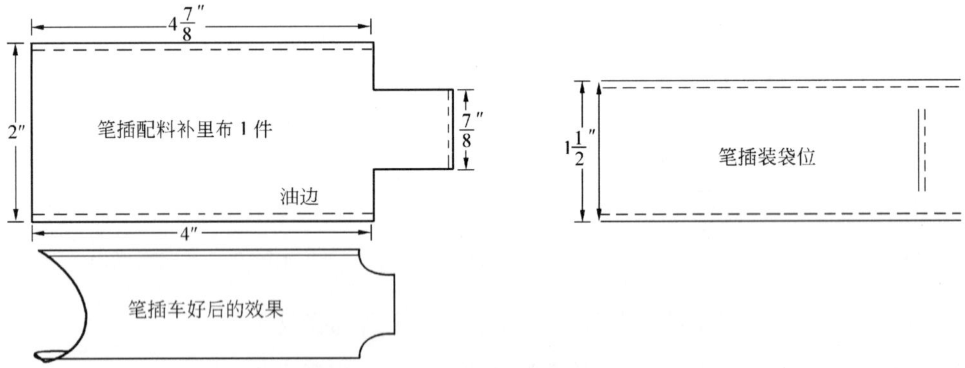

(c) 笔插

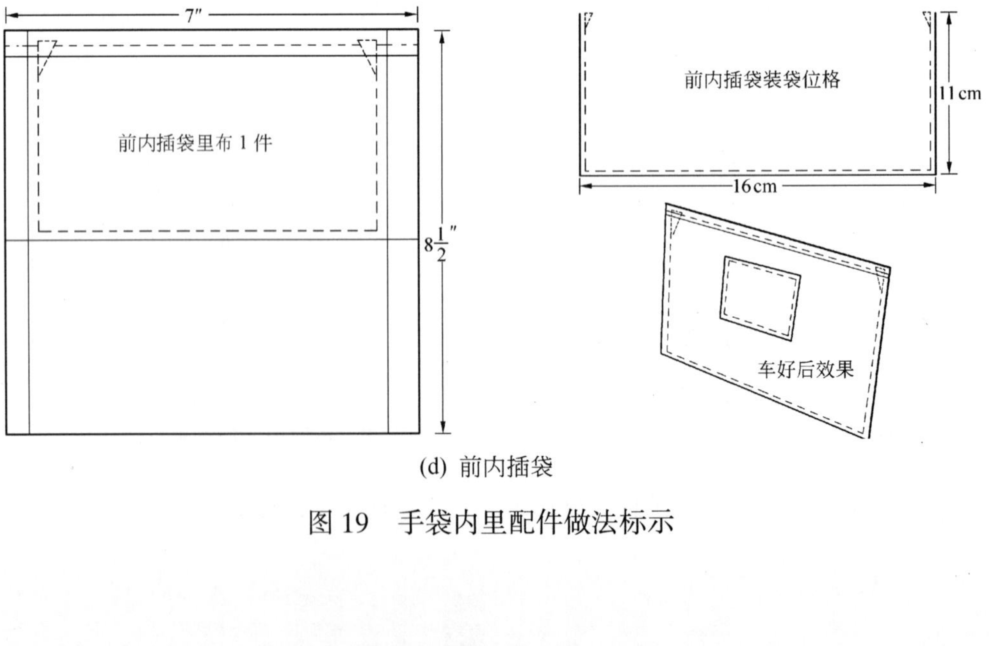

(d) 前内插袋

图 19 手袋内里配件做法标示

2.1.8.5 银包卡袋纸格标示

银包的外形千变万化，结构也各种各样，但卡袋是用来放卡片的，它的结构有一个统一的标准：卡袋直插 3″深、宽 $2\frac{6}{8}''$，卡袋横插 $1\frac{7}{8}''$深、横宽 $3\frac{7}{8}''$，折边位$\frac{2}{8}''$，包折$\frac{5}{16}''$，搭位$\frac{5}{16}''$，散口包边捆条$\frac{1}{2}''$宽，卡袋四边散口要四边各放大$\frac{1}{8}''$后再修正，卡袋三边散口要三边各放大$\frac{1}{8}''$后再修正。其纸格标示见图 20。

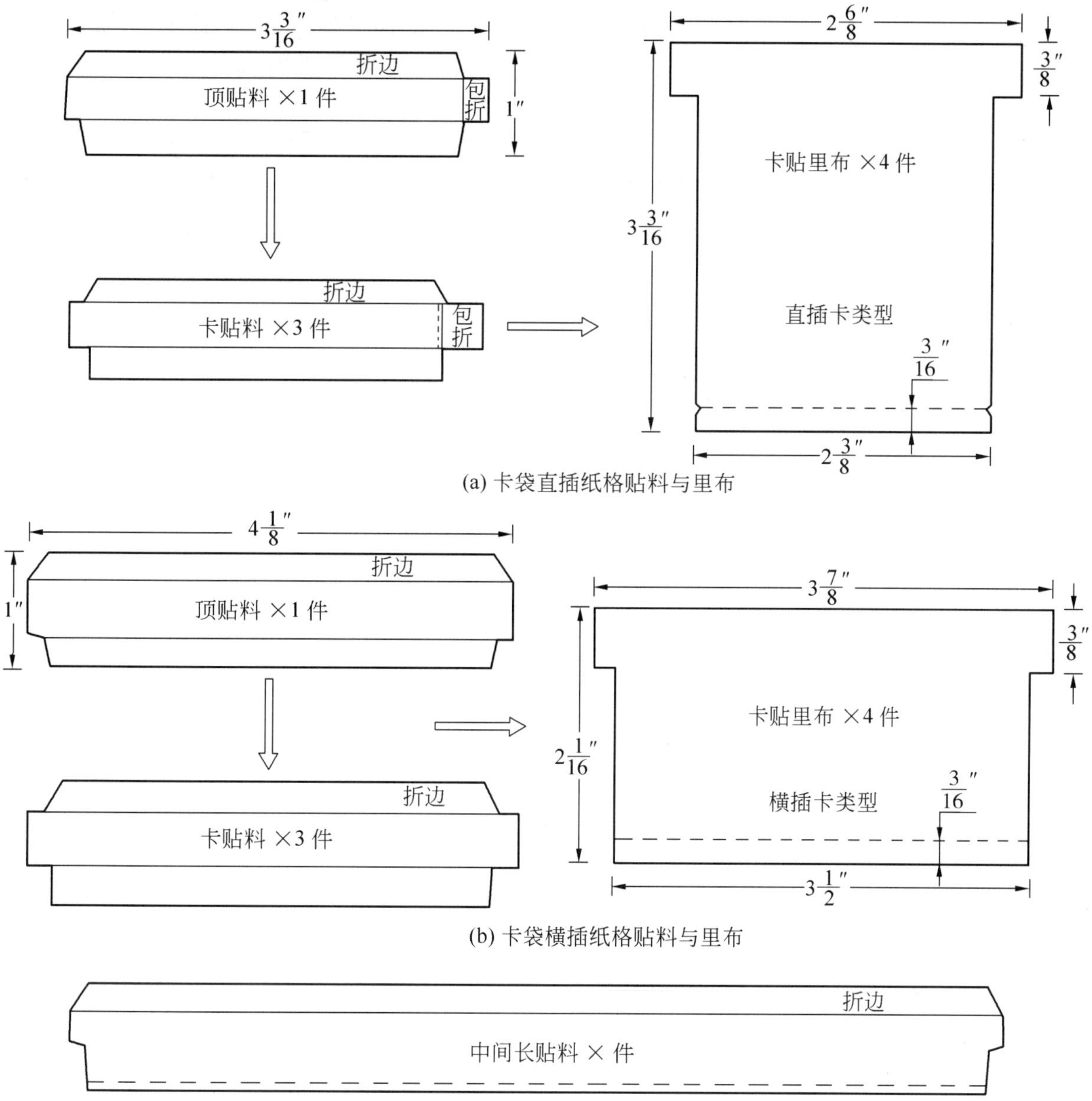

(a) 卡袋直插纸格贴料与里布

(b) 卡袋横插纸格贴料与里布

(c) 中间长贴

图 20　银包卡袋纸格标示

2.1.8.6 拉链窗纸格标示

拉链窗的叉刀尺寸不准确，会导致物料的折边角位爆口、露底，所以有必要制定拉链窗叉刀的标准尺寸（见图21）。

3＃链窗叉刀：叉刀距2分半，刀长2分。链窗实际长度－半分＝叉刀总长

5＃链窗叉刀：叉刀距3分半，刀长3分。链窗实际长度－半分＝叉刀总长

5＃铜牙链窗叉刀：叉刀距4分，刀长3分。链窗实际长度－半分＝叉刀总长

8＃尼龙链窗叉刀：叉刀距4分半，刀长3分半。链窗实际长度－半分＝叉刀总长

8＃铜牙链窗叉刀：叉刀距5分，刀长3分半。链窗实际长度－半分＝叉刀总长

留意：当同号数的链头大小有变化时，链窗的叉刀距要适当调整！

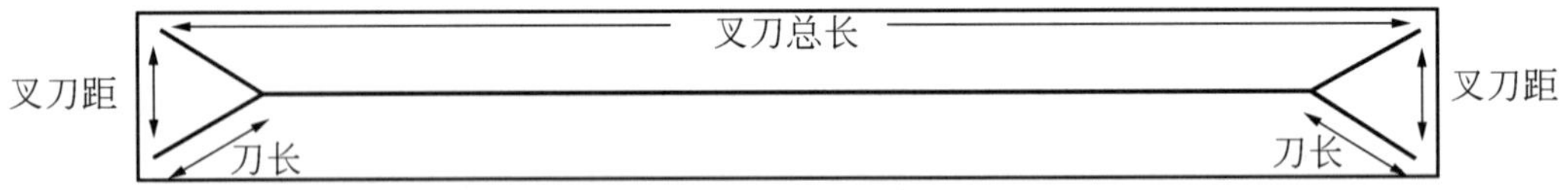

图21　拉链窗纸格标示

2.1.9 纸格资料

2.1.9.1 纸格资料计算表

捆条与包边

工序名称	总　长	工序名称	总　长
U形包边出筒	纸格长度＋2″	肩带（出筒）	实长＋$\frac{1}{2}$″
直线包边出筒5″以上	纸格长度＋1$\frac{1}{2}$″	拉牌（出筒）	实长＋$\frac{1}{2}$″
直线包边出筒5″以下	纸格长度＋1$\frac{1}{2}$″	介指（出筒）	实长
O形包边出筒	纸格长度＋2″	手挽（需修圆头）	实长＋$\frac{1}{2}$″
所有用手工的包边	纸格长度＋$\frac{3}{4}$″	肩带（需修圆头）	实长＋$\frac{1}{2}$″
手挽（出筒）	实长＋$\frac{1}{2}$″	拉牌（需修圆头）	实长＋$\frac{1}{2}$″

骨　类

工序名称	总　长	工序名称	总　长
大身U形边骨	纸格外径牙位至牙位的长度+2″	大身O形边骨	纸格外径牙位至牙位的长度+2″
大身直线型边骨	纸格外径牙位至牙位的长度+2″		

绳　类

工序名称	长　度	工序名称	长　度
手挽棉芯	实　长	尼龙类索绳	实　长
手挽胶通	实　长	PVC类索绳	实　长

尼龙拉链布

工序名称	总　长	工序名称	总　长
袋口内吊头屈飞尾	牙位至牙位长度+6 cm	袋口U形	纸格长度
袋口外吊头屈飞尾	牙位至牙位长度+8 cm	双针出筒	纸格长度+1 cm
袋口内贴打T角形	纸格T角下边长度	先车好后再穿拉链头	纸格长度+2.5 cm
两头驳链尾贴	牙位至牙位的长度+3 cm	窗口形	窗口长度实长+3 cm总长
5#铜牙链布计头尾制=实长，实长−0.8 cm=牙长，实长+4 cm=总长		8#铜牙链布计头尾制=实长，实长−1 cm=牙长，实长+4 cm=总长	

2.1.9.2　样板资料表

样板资料表为样板制作的重要资料，应认真工整地书写及保持完整，任何人不得擅自更改，如发现有错漏请即反映给有关的负责人修正。样板资料表的格式如下。

客户：　　　　　　　　　　款号：

样板资料表

名称（捆条类）	厚 mm	长（″）	宽（″）	数　量	纹　路

名称（铜牙拉链布类）	头尾制	总长 cm	实长 cm	牙长 cm	数　量

名称（普通尼龙拉链布类）	型　号	总长 cm	数　量

五 金 类	名　称	型　号	规　格	数　量	所用位置

纸格总数：

出格师傅：　　　　　　日期：　　　　　　　　　　　　　　　　第　　份

2.1.9.3 纸格下放裁床前综合检查指引

纸格下放裁床前综合检查指引	单号								
	款号								
	日期								
经常出错点	检查人	有	无	确认	经常出错点	检查人	有	无	确认
纸格是否有画纹（包括里布、皮及料）					全袋有屈向面车的，有没有注明反加线				
纸格是否标注铲皮（包括飞角、铲多深等）					纸格是否严格按照修改板单修改，是否给成本计资料（特别是不用起板的纸格）				
纸格是否有注明厚度					全袋打钉有没有注明打穿底或打穿哪一部件				
纸格全组共用部件是否统一					袋底杂料粘生、粘死有没有注明				
肩带手挽面主料做好后与底织带是否一样大					车线是假线还是车死（襟双线或多行线之间的距离是多少有没有注明）				
窗口吊袋里条纹与尺寸是否标注清楚					全袋部分对粘好一齐油边有没有注明成品油边				
手挽底嘴与手挽面是否一样大（同组手挽是否可以统一）					链布的尺寸是否正确（包括头尾制、双尾制等）				
耳仔、俐仔、引手、内窗口贴同组是否统一					所有五金是否正确（包括尺寸、长度、形状等）				
托底同组是否统一					所有五金、物料是否跟成本表资料一致				
在物料够厚的前提下，如果对引手、耳仔、俐仔、手挽等做双补的，要检查其是否先铲薄后托芯，再加补强布					叉刀位是否正确，5＃链窗3分半，3＃链窗不超过3分（特殊的例外，有托芯不用开叉刀，只开直刀）				
耳仔、手挽车线起针、收针是否有注明					纸格是否有唛头位、织唛位				
边骨、包边是否过短或过长					原格、复格是否有漏写款号、数量				
纸格写字是否有反转写					复格是否与原格一样				
全袋车装饰线有没有注明					原格和复格是否详细注明相关做法和注意事项				
全袋加线位有没有注明宽度					旧款有新修改做法，复格和车间板是否有同步修改				
链头的方向、五金英文字的摆放等是否有注明					原格、复格是否有写错字、写错底面				
易烂的料及受力位是否有加补强					编织手挽、大身穿绳是否够长				

出格人：　　　　　　　　　　　　复格人：

2.2 生产

2.2.1 板房生产管理用表

2.2.1.1 板房各工种标准工具

组别	名称	数量	单位	组别	名称	数量	单位	组别	名称	数量	单位	组别	名称	数量	单位
成本	小笔记本	1	本	出格	介刀	1	把	手袋车位	高车21#圆嘴针	1	支	银包台面	胶水壶	2	个
	黑签字笔	1	支		刀片	1	盒		高车18#圆嘴针	1	支		锤子	1	个
	红签字笔	1	支		卷尺	1	把		高车16#圆嘴针	1	支		剪刀	1	把
	自动铅笔	1	支		圆规	1	个		高车21#刀针	1	支		火机	1	个
	铅笔芯	1	盒		锥子	1	个		高车18#刀针	1	支		镊子	1	个
	双面胶	1	卷		自动铅笔	1	支		高车16#刀针	1	支		锥子	1	个
	三层文件架	1	个		铅笔芯	1	盒		平车21#圆嘴针	1	支		签字笔	1	支
	订书机	1	个		12寸尺	1	把		平车18#圆嘴针	1	支		6寸尺	1	把
	订书针	1	盒		24寸尺	1	把		平车16#圆嘴针	1	支		斧头刀	1	把
	剪刀	1	把		48寸尺	1	把		剪刀	1	把		修边刀	1	把
	计算器	1	个		测厚仪	1	个		线剪	1	把		直刀	1	把
	卷尺	1	把		橡皮	1	块		6寸尺	1	把		白胶刀	1	把
	橡皮	1	块		四色笔	1	支		12寸尺	1	把		修边条	1	条
手袋台面	胶水壶	2	个		签字笔	1	支		磅位	1	个		水银笔	1	支
	锤子	1	个		双面胶	1	卷		锥子	1	个	银包车位	高车14#刀针	1	支
	24寸尺	1	把		透明胶	1	卷		水银笔	1	支		高车16#刀针	1	支
	锥子	1	个		贴纸	1	包		螺丝刀	1	把		高车18#刀针	1	支
	铲刀	1	把		三角板	1	个		铅笔	1	支		平车14#刀针	1	支
	剪刀	1	把		压铁	1	块		割线刀	1	把		6寸尺	1	把
	水银笔	1	支		涂改液	1	瓶		透明胶	1	卷		锥子	1	个
	铅笔	1	支		计算器	1	个		靴	5	个		线剪	1	把
	1分双面胶	1	卷		订书机	1	个	开料	24寸尺	1	把		螺丝刀	1	把
	2分双面胶	1	卷		订书针	1	盒		12寸尺	1	把		磅位	1	个
	3分双面胶	1	卷	五金	锤子	1	把		推刀(介刀)	2	把		压脚	6	个
油边	油边盒	2	个		尖嘴钳	1	把		订书机	1	个	铲皮	测厚仪	1	个
	锤子	2	个		剪钳	1	把		订书针	1	盒		铲皮压脚	6	个
	铬铁	1	个		螺丝批	2	把		圆珠笔	1	支		扳手	2	个
	大剪刀	1	把		孔凿	1	包		测厚仪	1	个		滑刀石	1	个
	胶水壶	2	个		钢尺	1	把		压铁	1	个		水银笔	1	个
	砂纸	2	张		大剪刀	1	把		计算机	1	个		修磨器	1	个

注:上表的工具是指个人使用所需。

2.2.1.2 板房员工情况表

工号	姓名	籍贯	职务	进厂日期	底薪	调薪次数	调薪金额	新底薪	备注

2.2.1.3 板房每日产量表

款号	物料	数量	发出时间	完成时间	完成数	开料	台面	车位	备注

日期：　　　　　　　　填表人：

2.2.1.4 板房色卡

板房色卡(正面)

主料 1	主料 2	配料 1	配料 2	配料 3
供应商编码：	供应商编码：	供应商编码：	供应商编码：	供应商编码：

8#链布	8#链布	5#链布	5#链布	3#链布	3#链布	主料线	主料线	配料线	配料线	配料线	里布线	里布线	边油	边油
供应商编码	供应商编码	供应商编码	供应商编码	供应商编码	供应商编码	供应商编码	供应商编码	供应商编码	供应商编码	供应商编码	供应商编码	供应商编码	供应商编码	供应商编码

开料：　　　　台面：　　　　车位：　　　　主管：　　　　日期：　　年　　月　　日

板房色卡(背面)

主　里	杂　里	托 底 里	杂　料	托 底 料
供应商编码：	供应商编码：	供应商编码：	供应商编码：	供应商编码：
海棉、珍珠棉	EVA、回力胶	胶 板 类	棉芯、骨芯	织 带 类
供应商编码：	供应商编码：	供应商编码：	供应商编码：	供应商编码：

2.2.1.5 物 料 卡

物 料 卡

名称：

编码：　　　　　　规格：　　　　　单位：

月	日	总数	用出	结存	经手人

2.2.2 跟单备料流程与操作标准

2.2.2.1 跟单备料流程

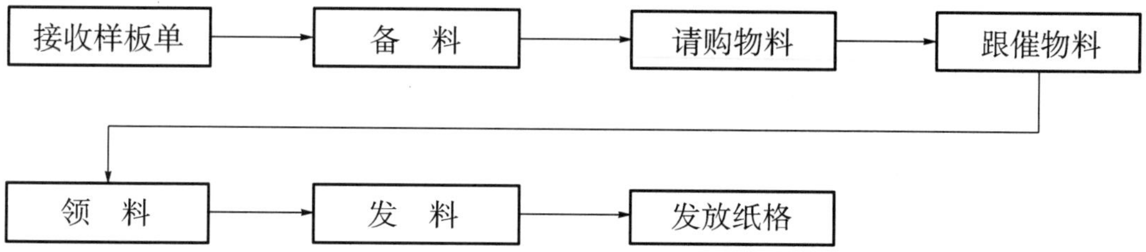

2.2.2.2　跟单板房操作要求

（1）主料、配料、里布、线、链布、边油的颜色以国际色卡为标准。

（2）线的粗度以比妮摩的粗度为标准，要写明性质（尼龙或棉线）。

（3）链布要写明尼龙或铜牙，5#、8#或者是10#，固色或者不固色。铜牙链布还要注明是双向还是单向。

（4）链布和线在备料单上不用写编码，也不用备料，做板以清除仓存为目的，颜色不一定要百分百跟足，只要接近就行了。

（5）五金类要写上名称、型号、规格、颜色、数量，并且仓库要填上编号。除客户提供的五金外，五金做板备料以清除仓存为目的，首先查看需要用的五金仓存有多少，价钱是多少，供应商有没有现货，在国内市场是否容易买到。五金只要形状相似，就算尺寸差一点的，也可以改变工艺做法或部件尺寸来做板。总之尽可能用已有或易买的五金，以减少五金种类、降低仓储成本。

（6）托底料一般不用备料（除非是特殊需要）尽量用与仓存相接近的托底料代用。

（7）主料、配料、里布，除非客户已有提供，一般都要备料，要写清楚名称、供应商、规格（如封度）、厚度、价钱等。

（8）所有从仓库领取的物料，五金要分类并贴上相应的款号；物料要有吊牌，吊牌上一定要有写明物料的名称、供应商、颜色、数量、跟单、款号、客户等。

（9）业务员在每天下午3点之前下当天的样板单给板房；板房备料员在当天下午4点前用电子文档形式将备料单发给仓库相关人员备料；仓库相关人员在当天下午5点前回复一部分备料情况，在第二天上午10点前再回复剩料情况。

（10）板房备料员当天收到的样板单，要在第二天上午10点前写出欠料的请购单给采购部买料；采购部要在当天晚上8点钟左右买回物料；备料员每天晚上8点左右打电话向仓库查询物料回库情况，领取物料，并向上级报告欠料情况，继续跟催采购物料交期。

（11）收到的纸格与领取的物料要及时交给开料人员；五金、线、拉链布、织带等交给车间组长。

这里给出样板跟踪表、制板备料单和制板进度表的形式如下。

样板跟踪表

板单编号：	客　户：	接单日期：	（图片）
款　　号：	跟单员：	要求交期：	
要求数量：	颜　色：	交板日期：	
难度系数：　　级（共分1～5级，1级为最易，5级为最难）			
注意事项：			

工序名称	开始		生产数	负责人	结　束		实际工时	接收人
	日　期	时　间			日期	时间		
出格			套					
开料			套					
台面			套					
车位			套					
成本			套					

出格状况：

制板状况：

品质状况：

纸格数量状况：　□齐　□不齐

部门复核：　　　　复核日期：

制板备料单

编号：

款号：　　类　型：　　跟单员：　　起板数量：　　仓库备料员：

客户：　　出板期：　　备料员：　　发出时间：　　完 成 时 间：

序号	物料编码	物料名称	封度	颜色	单位	仓存数量	入库单价	每只用量	合计	采购回复日期	实际到料日期	实到数量	领料日期	领料人	备　注
1															
2															
3															
4															
5															
6															
7															
8															
9															
10															
11															
12															
13															
14															
15															
16															
17															
18															
19															
20															
21															
22															
23															

制板进度表

接单日期	业务员	客户	板单编号	款号	颜色	要求出板日期	板房复期	要求数量	开料			台面			车位			品质检验/包装				推期原因
									完成数	负责人	完成日期	完成数	负责人	完成日期	完成数	负责人	完成日期	检验数	合格数量	主管	业务	

2.2.3 制板工艺流程

制板工艺流程如下：

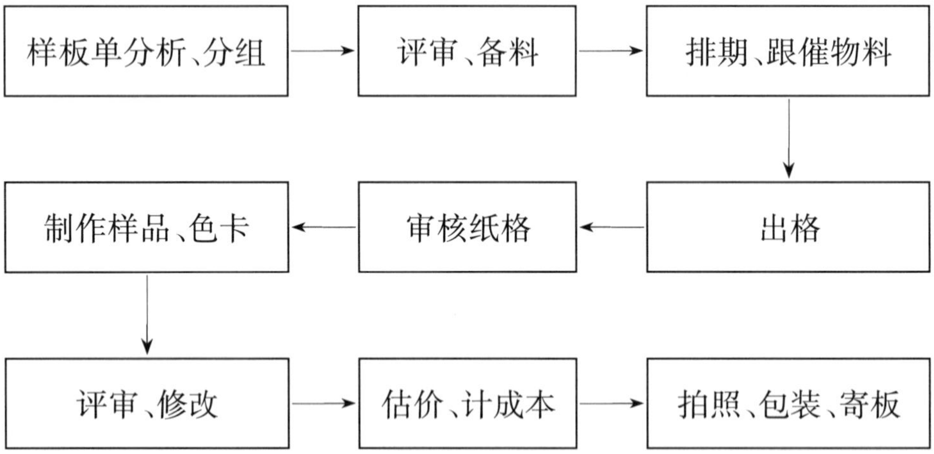

2.2.3.1 样板单分析、分组

业务员派单后，主管根据不同的客户要求和喜好来作出分析，包括分析样品的用料、做法、可用的机器、设备、模具与客户的要求是否合理。不合理的，特别是有的设计图纸根本不可能做到客户要求的那种效果，要将问题反馈给业务员，以便与客户沟通。在不改变外观与效果的基础上，尽量对同一个客户、同一组袋子统一做法，共用配件，共用五金。

出格组长根据各位出格师傅的技能，及其以往所跟踪过的客户来分配样板，尽量同一个客户、同一组袋子给同一个人来做；在时间紧迫的情况下可分给两个或三个平时沟通比较好的人来做，避免多人做出来的样板不统一。

2.2.3.2 评审、备料

出格师傅拿到制板单后，首先把制板单仔细看完，分析难点与存在的问题并向组长反映，然后由主管召集业务部、采购部就制板单在制作过程中所涉及的结构、用料以及客户的设计理念等问题进行协商，再由业务部门与客户沟通解决。备料单除客户提供的物料外，对于常用的物料，备料员首先要到仓库查核有没有库存，库存有多少；需要买的物料要写出欠料汇总表给采购部（要注明物料的特殊性质，以及规格等），同时要采购员签名，并回复到料日期，复印留底。

2.2.3.3 排期、跟催物料

主管根据到料日期进行排期，板房物料员根据排期向采购部跟催物料，板房物料员要在每天早上向组长或主管告知新欠物料，以便于计划一天的工作安排。采购回来的物料要有板料标签卡。凡是采购回来的物料，首先要测试是否可用，其品质是否达到做板标准，否则按退料处理。

2.2.3.4 出格

板房主管、出格组长要交待出格师傅在出格时的注意事项。出格师傅在出纸格之前，先要消化完同一个客人、同一组袋子的制板资料，在大脑中构思出一个样板的基本模型。只有这样，出纸格才会比较顺利。在出格的过程中，必须考虑以下几点：

1. 尽量减少物料种类，并要想到用该物料做出来的样板是什么效果。

2. 尽量简化工艺，重点考虑所采用的做法在车间大批量生产时是否有困难，尽可能想出更方便、更有效的方法。

3. 外观、尺寸、结构、五金搭配、物料搭配（内托料、手感等）、颜色搭配（物料、车线、边油等）要符合客户的意图，要特别注意内托料的颜色深浅要协调。

4. 选择合理的制作工艺（出骨、埋反、打角、散口油边、折边搭车、包壳等），要在做纸格前考虑到涉及的相关设备、模具、特殊的工具等。

5. 纸格要数据化，资料要明确化，要使开料、台面、车位等人员看到纸格就知道如何做整个袋子。纸格数据化：每一件纸格要写款号、编号、名称、件数，如款号TO－1000、编号A1、名称袋底料1件，一直到最后一件纸格。资料明确化：注明铲皮的宽度及厚度，埋反、折边、搭位要画线标明；开料的纹路要画在纸格上，车线的位置要画虚线，要把托底物料纸格形状用红笔画在被托部件纸格上，部件边缘散口要注明油边或不油边，所有布唛位、插袋位、围位、手挽位等要标明在纸格上，让人一目了然，看纸格就可以做板。

2.2.3.5 审核纸格

由出格组长审核纸格，对于纸格出现异常、资料不完整、做法不统一等，要求出格师傅立即更改。如果出格师傅有异议，可向主管处要求指引、解决。技术难度比较大，很难一次做出理想的效果时，要用无纺布或相似的废料试做一个初样，然后再想办法改进。

2.2.3.6 制作样品、色卡

制作样品时，出格师傅要全程跟进，包括开料、台面、车位、包装等的指导与检验。

（1）开料员必须依照板期及上级安排的次序来开料，接到板单首先了解清楚开什么料，主料、配料、托料、里布及其他用料是否够用。做每一个板都要记录该板所用的特殊物料。该工序中难度大的必须记录所用的时间，以便研究更好的制作方法。掌握刀法，能识别物料，能区分纹路是开料员必须具备的技能。

（2）台面员要按板期的先后次序安排台面工作。首先要了解该板所用物料的特性、类型，以及所用五金、胶水等，以便确定制作方案。做每一个板都要记录该板所用的特殊五金，以及该物料所用的胶水、托料的做法。该工序中难度大的必须记录所用的时间，以便研究更好的制作方法，有疑问的要向出格师傅提出来。刷胶水、折边、油边、打五金等是台面员必须具备的技能。

（3）车位的车板员要按板期的先后次序安排车位工作。首先要了解该板的结构和板单的要求，如物料、线、五金、拉链、织带、丝印、车花等的特性和颜色，对该板要有基本的印象才可以动手车制。车板要特别注重其结构在生产时是否有困难，如有疑问应向出格师傅提出来。同一组板在车法上要做到统一。要仔细核对出格师傅的纸格资料是否有错漏，以便及时更正。熟练的高车、平车、面线、埋袋等技术是车板员必须具备的技能。

（4）在做板的过程中，如发现纸格有异常或不正确的地方，可与出格师傅沟通解决，出格师傅要认真检查纸格，根据实际情况更改。在制作样板的同时，要制作色卡，色卡上的物料要齐全，包括主料、配料、里布、线、拉链布、边油、托底料等，特别是其中要求符合 ROHS（环保）标准的物料更要齐全，包括胶水、织标、五金等都要标示清楚。色卡要有主管与部门经理签名，并存档。

2.2.3.7 评审、修改

样品完成以后，主管与出格师博要对每一个样品进行全检，内容包括结构、品质、外观、尺寸、用料、功能等，需要改善的地方要作记录，并一一改善。对不合格的产品要分类，能修改的尽量修改，不能修改的要按程序重新再做。在本部门检验符合要求后，再交业务部门检查，经确认后，才可以打包装寄板给客户。

2.2.3.8 估价、计成本

样品经确认后，袋板要交给估价员，估算直接人工费用，直接人工费用包括：裁床、台面、五金、油边、车间、包装等费用的合计。估算完直接人工费用，袋板交给计料员计算物料成本。物料成本包括主料、配料、托底料、拉链布、五金、线、边油、胶水、包装物料等成本的合计。

2.2.3.9 包装、拍照、寄板

包装并不单是清洁、剪线头、包胶袋等机械性的工序，最主要是检查样品外观、功能、尺寸、车线、物料、清洁度，并对照样板单与客户要求来检查。还要考虑在运输中不变形、不被压坏等包装方法。

拍照图片，正面、背面、侧面、袋口、袋底、内格、特殊面（结构、工艺、做法与平常不同的地方）都要拍照。

张——PIC；套——SET；个——PCS 。

3. 纸张规格

A1 纸幅面尺寸为 841 mm×594 mm；

A2 纸幅面尺寸为 594 mm×420 mm；

A3 纸幅面尺寸为 420 mm×297 mm；

A4 纸幅面尺寸为 297 mm×210 mm；

A5 纸幅面尺寸为 210 mm×148 mm；

A6 纸幅面尺寸为 148 mm×52 mm。

2.3.1.2 物料类别及其计算单位

物料主要分为皮料、辅料和配件

1. 皮料

皮料都要按平方英尺计算。

2. 辅料

一般以封度多宽后按码来计算，如 PVC、透明胶片、尼龙料、布料等，是按一定的封度一卷一卷采购的，故要算出多少码；特殊辅料如卡纸、PE 板以张计算；橡筋、织带、魔术贴按卷计算，计料时必须换算成码。

3. 配件

五金、拉杆、商标等，计算单位有套与个两种。有 2 种以上须同时配合使用的，计算单位为套（SET）；只有 1 件单独使用的，计算单位为个（PCS）。如急钮、车缝钮、撞钉、中空钉、旋扣等以套（SET）计，针扣、方扣、钩扣等以个（PCS）计。

2.3.1.3 必备算料工具和资料

必备计算工具和资料有：软尺、计算器、笔、纸与样品、料卡、纸格。

做成本单之前先将样品与纸格对比检查，看是否有错误或者遗漏之处。

样品与料卡两种都要齐全，料卡记录的必须是样品上的所有物料。

2.3.1.4 计算方法

除了皮料按市尺或英尺计算外，织带、橡筋、魔术贴等有固定的封度，只按长度单位计算，其他宽幅都是算面积，并要分物料封度与纹向。封度，即物料张开的宽度；纹向参见 2.1.5。

2.3.1.5 纸格的长宽量法和损耗

用卷尺量纸格的最大宽度和长度，PVC、PU 耳仔料双补中夹或单补用刀模开的，长和宽各加 1 分作为裁床损耗，以后核算时不再考虑；海绵、潜水衣料等有弹性物料，可加 2 分作损耗。例如：前幅用封度为 54″的 0.8 mm PVC，横纹开料的尺寸为 4″×3″，长和宽各加 1 分损耗的尺寸是 4.125″和 3.125″。

2.3.1.6 皮料的计算

每张皮没有固定尺寸，亦没有封度。因此量度纸格时将纸格当成长方形，量最长的和最宽的纸格实数，再加皮的损耗即可，如长和宽的单位为英寸，则应除以 144（1 平方英尺 = 144 平方英寸）核算为平方英尺。例如，皮的标准损耗为 35%，计算公式：

$$\frac{\text{部件面积总和（平方英寸）}}{144}\times(1+35\%)=\text{实际用量（平方英尺）}$$

例如前幅一件的皮料为：$\frac{9''\times 10''}{144}\times(1+35\%)=0.84$（平方英尺）

皮的损耗没有准则，视皮质情况如何及袋子大小才可决定损耗，最高的损耗可达到 100% 以上。遇到这样高的损耗，为了节约成本，建议将太长或太大的皮剖开来做。

2.3.1.7 折数计法

比如一张皮来料时数量是 10 英尺，但实际度量只有 9.5 英尺，10 英尺与 9.5 英尺之间的差数就是折数，这时就是 9.5 折。9.5 折算是正常的，一般不用再加计折数，折数小于 9.5 就要再加计折数的损耗了。折数的计算公式如下：

$$\text{总数}+[\text{总数}-(\text{总数}\times\text{折数})]=\text{折后实际用量}$$

例如一个款式手袋的主料（皮）总用量是 33 平方尺，折数是 8 折，计算折数后的实际用量为

$$33+[33-(33\times 0.8)]=39.6(\text{平方尺})$$

2.3.1.8 刀模的摆放与损耗

先要弄清楚纸格或刀模在开料的辅料上怎么放置，是横纹还是直纹。如一个款式手袋的盖头纸格要开的物料为长 43″×宽 31″的 250 g 白卡纸，长为直纹，宽为横纹，纸格开料纹向和大小为：横纹 9″×直纹 10″。计算裁片的损耗公式是：

$$\frac{\text{总面积}}{\text{已用面积}}=\text{损耗率}$$

通过分析，横纹 9″在 31″里面只能开 3 件用去了 27″，直纹 10″在 43″里面只能开 4 件用去了 40″，即有

$$\frac{43''\times 31''}{27''\times 40''}=1.23\text{（即损耗率是 }1+23\%\text{）}$$

2.3.1.9 以“张”为单位物料的计算

卡纸、日本纸、PE 胶板等单位（张）的计算公式：

$$\frac{\text{部件面积总和}}{\text{长}\times\text{宽}}\times(1+\text{损耗率})=\text{用量（张）}$$

面积普通计算公式：

$$\frac{\text{部件面积总和（平方英寸）}}{\text{封度（英寸）}\times 36}\times(1+\text{损耗率})=\text{用量（码）}$$

2.3.1.10 面积标准排刀模计算法

整卷 PVC 料可开多少件裁片，计算式为：

裁片数=横向最大放刀数×纵向最大放刀数

其中：横向最大放刀数 $=\frac{\text{物料宽度}}{\text{横纹宽度}}$ （取整数）；

纵向最大放刀数 $=\frac{\text{物料长度}}{\text{纵纹宽度}}$ （取整数）。

例：计算裁片横纹宽度 4.75″×纵纹长度 5.25″的用量是：

横向最大放刀数 $=\frac{54''}{4.75''}=11$（刀）　（余量：54″－11×4.75″=1.75″）

纵向最大放刀数 $=\frac{100\text{（码）}\times 36}{5.25''}=685$（刀）　（余量：100（码）×36－685×5.25″=3.75″）

这卷 100 码的 PVC 料可开此裁片数为：11×685=7535（件）。

以码数表示，每件裁片用量为：$\frac{100}{7535}=0.0133$（码）。

如生产数量为 20000 件，则需要用宽 54″的 0.8 mm PVC 为：20000×0.0133=266（码）。

2.3.1.11 配件

五金如钩扣、D 扣、方扣等尽量在设计时用共用件，争取几个客户都用。要求供应商送 3 个备品，超过 300 个的按 1%给损耗。

2.3.1.12 边油的计算

油边经过 4 次过程才完成的，每寸边油用量以 0.1 g 计：

每只手袋需油边处纸样的边长总寸数×0.1 g×（1+15%损耗率）=每只袋边油用量（g）

油边经过 3 次过程才完成的，每寸边油用量以 0.065 g 计：

每只手袋需油边处纸样的边长总寸数×0.065 g×（1+15%损耗率）=每只袋边油用量（g）

油边经过 1 至 2 次过程才完成的，比如拉牌、链尾、介指、吊牌等，每寸边油用量以 0.015 g 计：

每只手袋需油边处纸样的边长总寸数×0.0015 g×（1+15%损耗率）=每只袋边油用量（g）

2.3.1.13 蛇皮的标准算法

根据对 10 张蛇皮的长度和宽度测量得出结果，去掉一个最高数和一个最低数，得出的平均值最宽处幅度为 0.28 米，最窄处的宽幅为 0.14 米，长度为 2.8 米，就依照此数据来计算蛇皮的排格用量。如果发现一件纸格裁片最宽幅度的尺寸超过 0.28 米，一定要及时通知上级去协商解决。这时理想的做法是分开两件来做，每件纸格裁片尺寸控制在最窄的宽幅 0.14 米以内，这样会节约很多成本。蛇皮的表面竖条花纹一般都是由头到尾很明显，要按照纸格画的纹路方向来排格。蛇皮用量计算出结果的单位是米（也就是长度）。当用于一个袋子的一张皮没用完时，要把剩下皮的长度、最宽与最窄是多少米写在备注栏里，供业务与物控参考，看可否用在其他款式手袋上，另外还要注明全长、头宽、尾宽和肚宽。

2.3.1.14 线的统一算法

因为皮或 PVC 的厚度经常会有变化，车间生产工人的操作手法也很难规范，再加上车间做货时的返工率等，都会影响线的用量用多或用少，所以目前线的用量还没有很好的计算方法。以下给出线的损耗量供计算时参考：

手袋尼龙比妮摩线、尼龙珠江线、PP 线，每条线实长加 5″作为车间损耗；银包尼龙比妮摩线、尼龙珠江线，每条线实长加 1″作为车间损耗。一条线是指头尾车线完成后再也不连接其他地方，有起针和收针。

手袋尼龙比妮摩线、尼龙珠江线不论底、面线的粗度是多少，损耗倍数定为 2.3 倍；银包尼龙比妮摩线、尼龙珠江线损耗倍数定为 2.0 倍。棉线 PP604 底、面线损耗倍数定为 1.8 倍。

按以上的损耗倍数，每只袋用线量的计算公式如下。

手袋：$\frac{[(\text{车线位置总长(英寸)}\times\text{损耗倍数})+(\text{总条数}\times 5'')]}{36''}\div 1.094=$ 用线量（米）。

银包：$\frac{[(\text{车线位置总长(英寸)}\times\text{损耗倍数})+(\text{总条数}\times 1'')]}{36''}\div 1.094=$ 用线量（米）。

2.3.1.15 捆条用量计算

捆条以 100 只袋计算用量（码），两边损耗取 $\frac{1}{2}''$。计算式如下。

横、直纹捆条：

$$\left\{100 \div \left[\left(\text{封度} - \frac{1}{2}''\text{两边损耗}\right) \div \text{捆条宽}\right]\right\} \times \text{捆条长} \div 36 = 100\text{只用量（码）}$$

斜纹捆条：

$$\left\{100 \div \left[\left(\text{封度} - \frac{1}{2}''\text{两边损耗}\right) \div \text{捆条宽}\right]\right\} \times \text{捆条长} \div 36 \times 1.3 = 100\text{只用量(码)}$$

2.3.1.16 纸箱类计价

普通纸箱（三坑）长、宽、高以英寸计，纸箱单价为 2.6 元/千平方英寸，其计价公式为：

$$\frac{(\text{长} + \text{宽} + 2'') \times (\text{宽} + \text{高} + 1'')}{1000\text{平方英寸}} \times 2 \times 2.6\text{元} = 1\text{只箱的单价（元）}$$

例如：外箱尺码 82 cm×42 cm×34 cm（可装 20 只包）换算成英寸为 32.25″×16.5″×13.5″。

每个纸箱单价为：$\frac{(32.25'' + 16.5'' + 2'') \times (16.5'' + 13.5'' + 1'')}{1000\text{平方英寸}} \times 2 \times 2.6\text{元} = 8.1809\text{元}$。

装 100 只袋的纸箱价钱为：$\frac{8.1809\text{元}}{20} \times 100\text{只} = 40.9\text{元}$（100 只袋三坑箱价钱）。

纸箱的面积计算公式：

$$\frac{(\text{长} + \text{宽} + 2'') \times (\text{宽} + \text{高} + 1'') \times 2}{1000\text{平方英寸}} = 1\text{只纸箱的面积（千平方英寸）}$$

2.3.1.17 胶水用量

（1）喷胶按平方米计算。主料（PVC）一平方米用胶水为 90 g（如果是双补料或是料补其他物料，有多少面要用胶粘，就需计算多少面的用量）；里布一平方米的胶水用量为 30 g。

（2）刷胶水按平方米计算。主料（PVC）一平方米胶水用量为 60 g；卡纸一平方米胶水用量为 40 g。

（3）折边按英寸计算。100 英寸胶水用量为 4.4 g。

（4）内窗（做好一个内窗所需要的用量）按英寸计算。100 英寸胶水用量为 4 g。

（5）7B 水喷扫计算标准按码计。600×300D 料每码用量 206 g；什料每码用量 150 g。

（6）扫万能胶每平方米用量 180 g。

2.3.1.18 计算每只袋的运输费用

可按 40 英尺柜计算，放 58 m^3（立方米），一只 40 英尺柜总费用以港币 8000 元计

(从东莞到香港包括材料运进厂及成品出口到香港码头的一切费用)。

例如上述外箱尺码，其容量为：

$$82\ cm\times 42\ cm\times 34\ cm=0.82\ m\times 0.42\ m\times 0.34\ m=0.1171\ m^3$$

一只 40 英尺柜，可装纸箱数为：

$$\frac{58\ m^3}{0.1171\ m^3}=495\text{（箱）}$$

即一个 40 英尺柜可装 495×20（个包）=9900（个包）。

结论：每个包的运输费用$=\frac{8000\text{元}}{9900}=0.81$元。

2.3.1.19 出口装箱标准

（1）毛重：每箱毛重上限为 20 kg（纽约公司例外，毛重上限为 15 kg）。

（2）体积：每箱体积上限为 $0.25m^3$。

（3）尺码：每箱的长宽及高度，最长边的上限为 75 cm，除此以外，最长的一边加上其余两边长度总和的两倍不可超过 300 cm。

例一：外箱尺码 80 cm×40 cm×35 cm。

体积为 $0.80\ m\times 0.40\ m\times 0.35\ m=0.112\ m^3$，低于 $0.25\ m^3$，合格。

总长为 80 cm+(40 cm+35 cm)×2=230 cm，低于 300 cm，合格。

最长边为 80 cm，超过 75 cm 上限，不合格，需重新设定。

结论：纸箱尺码不合标准，需重新设定。

例二：外箱尺码 73 cm×60 cm×55 cm。

体积：$0.73\ m\times 0.60\ m\times 0.55\ m=0.2409\ m^3$，低于 $0.25\ m^3$，合格。

总长：73 cm+（60 cm+55 cm）×2=303 cm，高于 300 cm，不合格。

最长边：73 cm，低于 75 cm 上限，合格。

结论：纸箱尺码不合标准需重新设定。

（4）所有外箱必须同时符合以上三条要求才算合标准。

2.3.2 计料员岗位职责

2.3.2.1 成本单的核算、制作、整理

（1）正常情况下，新款初板要有袋板、备料单和纸格一起才能准确地算出成本单。首先根据纸格测量出每一个部件长和宽的尺寸来算出面积，将每种物料的各个部件面积加总。为了节约成本，降低用量，将形状不规则的纸格裁片成梯形、三角形、D 形、U 型等，根据物料的封度、纹路合理排格，即采用大头拼细头、D 形放进 U 型等方

法，计算出物料用量。

(2) 成本单的开料材料表必须有物料名称、部件名称、物料封度、件数、开料尺寸、用量、单位等，且要按固定的格式填写。

(3) 物料清单是一个款式手袋所用全部物料的汇总，包括物料类别、物料编码、物料名称、颜色、封度、净用量、单位、损耗、总用量、单价、物料成本、人工费用、备注等。完整的成本单必须有部门主管审核签字。做完货后还要在生产过程中进行检验和成本单资料修改。

(4) 计算好的成本单，先打印一份开料材料表与纸格袋订在一起，交给成本部文员拿给裁床确定损耗。收到确定了损耗的资料后，在物料清单最后的预计损耗栏里写上预计损耗用量，供物控和报价人员参考。完成后在物料清单的封面贴上手袋或银包图片，签上名字后交给业务部文员。

2.3.2.2 计料员工的要求

(1) 初中或初中以上文化程度，有电脑操作基础，工作仔细、认真负责，理解能力和沟通能力良好。

(2) 能看懂纸格，会分纹路，精通尺寸换算，熟悉不同物料名称、性质、单位、价钱、封度等，熟悉不同五金的规格、型号、性质、单位、价钱等，熟悉袋子的结构，对边油、胶水、车线等部位有比较清晰的认识。

(3) 熟悉并了解各种物料的损耗以及各种物料的计算方法，特别是线、边油、蛇皮的计算方法，要能及时发现资料与纸格之间的错误。

2.3.2.3 与出格师傅核对成本资料的正确性、完整性

(1) 每做一个新的产品，板房师傅都应附带有相关技术指引（胶水做生还是做死，用万能胶还是用白胶，用电脑车还是用人工车，各种五金脚的长度，车双线还是单线，车暗线还是明线等）和该产品应特别注意的地方（比如：编织部分物料的每条长度，编织完成后的实际长度和效果图样，编织的部分是否外发加工，外发加工的价钱是多少；布料和容易散边的物料，加托底过胶复合整匹外发加工，价钱又是多少等），都应该记录在制造单或样板跟踪表上。

(2) 在做成本单时，如有不明白的地方，应及时提出疑问、求证；如果发现有疑问、错误时，及时告知出格师傅更改。

2.3.2.4 与业务的沟通以及日常事务处理

(1) 自己做的成本单如果是自己本身出错的，要自己去找回打印板成本单，首先在本部门找，如果没有，就要去业务部门或者是文控中心借回来修改。借成本单的时候，要向业务或文控中心相关人员讲清楚借成本单的原因，并且要登记款号、日期、

姓名。在修改打印板本的同时，电子文档也要同步更正。修改联络单一定要和修改好的打印板成本单订在一起，以便给业务部登记更改的原因。

（2）备料单和制板单按规定应由业务部在出板的前三天同时下放给成本部。在出板当天，如果还没有收到或有不齐全的，首先通知相关的业务部门，让他们及时送下来，如果还没有送下来的就需要写问题处理报告送上级。如果上级未能亲自处理，他交待处理的事情应记录下来，及时处理，如有不明之处，再打电话或等上级回来解决。每晚下班之前，应整理一下待做的事情，放在一起并做上标记，第二天一上班就把它处理。同事之间要互相帮助、互相尊重，发扬团结友爱精神。

2.3.3 计料员注意事项及规范化

2.3.3.1 成本部的重要性

成本部掌握着一个企业的利润，从一个产品的开发到生产出成品交到客户，整个过程都需要付出成本，老板能不能赚钱，能赚多少钱，这就需要成本部准确无误地计算出制造产品全过程所需费用。老板需要根据成本部提供的准确费用数据来判断此种产品要在什么价位才能赚钱，能赚多少钱，同客户洽谈价钱时做到心中有数。因此，做成本表要认真细心、一丝不苟，有疑问或不明白的地方要及时提出来解决。

2.3.3.2 计料员注意事项。

1. 输入错资料的几个方面

名称输入错：如真皮输入错成PU料或里布，0.6 mm输入错成0.9 mm，3＃链布输入错成5＃链布，撞色输入错成配色等。

封度输入错：45″封输入错成54″封，63″封输入错成36″封等。

单位输入错：套输入错成个，米（m）输入错成码（yd），公斤（kg）输入错成克（g）等。

损耗输入错：15％损耗输入错成35％，20％损耗输入错成10％等。

单价输入错：尼龙线0.02元每米（m）输入错成1.02每米（m），3分D扣0.025元每个输入错成0.25元等。

数量输入错：前后幅料2件输入错成1件，手挽底嘴料2件输入错成4件，手挽蘑菇钉8套输入错成4套等。

尺寸输入错：$1\frac{5}{8}''$化成小数是1.625，输入错成1.5；8.25输入错成8.5、17.5输入错成1.75等。

2. 漏改资料的几个原因

样板单修改：有样板单修改不用起板的，如果出格师傅没能及时修改好并通知成本部，很容易漏改资料。成本部自己手上也有修改板单，要按期限及时向出格师傅追问纸格与资料。

生产单修改：客户在下生产单的同时也会有某些修改，成本部要留意生产单是否有客户修改的地方，有修改的要及时改正成本表。如果涉及到修改纸格，要及时与出格师傅沟通，确定完成日期，并按期限拿回纸格更正成本表，交给 PMC 备料。

备料单修改：备料单修改的内容主要是改供应商，改价钱，改物料名称、规格、颜色等，正常情况下，一有修改，业务部就一定要通知并将正确的备料单送到成本部，以便更改成本表。

业务部门口头通知修改：按程序，业务部门有需要修改的样板单，一定要出修改样板单或修改联络单下放给板房，在时间紧迫的情况下先口头通知，之后一定要补回正式的修改单。

出格师傅修改：出格师傅有修改过纸格或资料的，一定要及时通知成本部更正成本表。每次出样板时，在时间允许的情况下，成本部要检查一次纸格与资料是否正确。

3. 资料不齐全的几个原因

客供物料：客户提供物料常常没有提供价钱，导致物料成本无法计算出来。一旦提供了价钱，要及时输入，算出物料成本，打印出完整的成本表。

新物料：有些新物料，采购回来时没有提供价钱。一定要采购部门核实价钱，才能打印出成本表。

漏输入资料：袋子的尺寸、手挽中高、预计损耗等常漏输入。特别是杂料、杂里、PE 胶板的颜色一定要记得输入，如发现出格师傅没有写上配什么颜色，要马上通知出格师傅补上去。

4. 修改不同步

大部分计料员只相信打印版成本单，而不敢相信电子文档的成本单，原因是担心改了打印版而没有改到电子文档。所以，每次有修改时，打印版与电子文档要同时更正，保证电子文档与打印版本一致。

5. 工作态度问题

不管是什么原因，在工作上要严谨，认真负责，发现问题要及时报告解决，不能马虎大意，不能凭猜想去做事情。

6. 其他

计料员要清楚明白计算公式，熟悉物料名称规格、颜色、单位、损耗、单价等，要善于发现别人提供的不正确资料，否则就会经常出错。

2.3.3.3 规范化

（1）工作流程：遵守合理的工作流程，保证工作畅顺。

（2）岗位职责：清楚明白自己的岗位职责，做到尽职尽责。

（3）计料指引：严格按照计料指引的方法与公式来操作。

（4）相关要求：熟悉并了解其他各部门对本部门的工作要求。

2.3.4 计料员工作标准

计料员要清楚明白自己的岗位职责，熟悉、理解并能灵活运用统一的名称、工艺、托底、计算、纹路、常用物件等的内容。一个部门、一项工作、一个人如果没有一个工作标准，会导致工作懒散造成大量工作积压，工作质量低劣，从而影响整个部门乃至整个公司的效益，所以有必要制定计料员的工作标准，工作标准如下表所示。

产品类型	难度系数	纸格件数	完成时间	完成质量
手　袋	1	10～20 件	2 小时	完成开料材料表、物料清单电子文档与打印版
	3	30～40 件	3 小时	
	4	50～60 件	4 小时	
	5	60 件以上	5 小时	
银　包	1	10～20 件	1.5 小时	完成开料材料表、物料清单电子文档与打印版
	3	30～40 件	2 小时	
	4	50～60 件	3 小时	
	5	60 件以上	4 小时	
拉杆箱	2	10～20 件	3 小时	完成开料材料表、物料清单电子文档与打印版
	3	30～40 件	4 小时	
	4	50～60 件	6 小时	
	5	60 件以上	8 小时	
公文袋	2	10～20 件	2.5 小时	完成开料材料表、物料清单电子文档与打印版
	3	30～40 件	3.5 小时	
	4	50～60 件	5 小时	
	5	60 件以上	6 小时	
背囊袋	1	10～20 件	2.5 小时	完成开料材料表、物料清单电子文档与打印版
	3	30～40 件	4 小时	
	4	50～60 件	6 小时	
	5	60 件以上	8 小时	

备注：难度系数分 5 个级别，1、2 为一般，3、4 为难做，5 为最难做。以上的标准是指新款式（旧款修改的，如全部重新做纸格也算是新款）。

计料员必须开出物料清单和完成开料材料表，其形式如下所示。其中的单价参考物料单价表。

2.3.5 物料清单与开料材料表

物料清单（一）

客　　户： 款　　号： 板单编号： 样板类型： 颜　　色： 产品尺寸： 跟 单 员： 发行版本： 发行日期： 发行签章：	（图片）	（图片）
	注意事项 （代码）　修改原因：	
制作/日期：	审核/日期：	

物料清单(二)

款号:　　　　　　　　客户名称:　　　　　　　　板单编号:　　　　　　　　版本:

<table>
<tr><th>序号</th><th>物料类别</th><th>物料编号</th><th colspan="2">物料名称</th><th>颜色</th><th>封度</th><th>套开
每袋净用</th><th>纸格
每袋净用</th><th>单位</th><th>损耗</th><th>总用量</th><th>单价(元)</th><th>物料成本
(元)</th><th>成本小计
(元)</th><th colspan="2">备　注</th></tr>
<tr><td>1</td><td>主料</td><td></td><td colspan="2"></td><td></td><td></td><td></td><td></td><td></td><td></td><td></td><td></td><td></td><td rowspan="6"></td><td colspan="2"></td></tr>
<tr><td>2</td><td>配料</td><td></td><td colspan="2"></td><td></td><td></td><td></td><td></td><td></td><td></td><td></td><td></td><td></td><td colspan="2"></td></tr>
<tr><td>3</td><td>里布</td><td></td><td colspan="2"></td><td></td><td></td><td></td><td></td><td></td><td></td><td></td><td></td><td></td><td colspan="2"></td></tr>
<tr><td>4</td><td rowspan="3">五金</td><td></td><td colspan="2"></td><td></td><td></td><td></td><td></td><td></td><td></td><td></td><td></td><td></td><td colspan="2"></td></tr>
<tr><td>5</td><td></td><td colspan="2"></td><td></td><td></td><td></td><td></td><td></td><td></td><td></td><td></td><td></td><td colspan="2"></td></tr>
<tr><td>6</td><td></td><td colspan="2"></td><td></td><td></td><td></td><td></td><td></td><td></td><td></td><td></td><td></td><td colspan="2"></td></tr>
<tr><td>7</td><td rowspan="3">托底芯</td><td></td><td colspan="2"></td><td></td><td></td><td></td><td></td><td></td><td></td><td></td><td></td><td></td><td rowspan="3"></td><td colspan="2"></td></tr>
<tr><td>8</td><td></td><td colspan="2"></td><td></td><td></td><td></td><td></td><td></td><td></td><td></td><td></td><td></td><td colspan="2"></td></tr>
<tr><td>9</td><td></td><td colspan="2"></td><td></td><td></td><td></td><td></td><td></td><td></td><td></td><td></td><td></td><td colspan="2"></td></tr>
<tr><td>10</td><td rowspan="3">线</td><td></td><td colspan="2"></td><td></td><td></td><td></td><td></td><td></td><td></td><td></td><td></td><td></td><td rowspan="6"></td><td colspan="2"></td></tr>
<tr><td>11</td><td></td><td colspan="2"></td><td></td><td></td><td></td><td></td><td></td><td></td><td></td><td></td><td></td><td colspan="2"></td></tr>
<tr><td>12</td><td></td><td colspan="2"></td><td></td><td></td><td></td><td></td><td></td><td></td><td></td><td></td><td></td><td colspan="2"></td></tr>
<tr><td>13</td><td>边油</td><td></td><td colspan="2"></td><td></td><td></td><td></td><td></td><td></td><td></td><td></td><td></td><td></td><td colspan="2"></td></tr>
<tr><td>14</td><td>胶水</td><td></td><td colspan="2"></td><td></td><td></td><td></td><td></td><td></td><td></td><td></td><td></td><td></td><td colspan="2"></td></tr>
<tr><td>15</td><td>包装物料</td><td></td><td colspan="2"></td><td></td><td></td><td></td><td></td><td></td><td></td><td></td><td></td><td></td><td colspan="2"></td></tr>
<tr><td colspan="2">物料计价:</td><td></td><td>出厂价:</td><td></td><td colspan="6">注意事项</td><td colspan="4">物料计价(合计):</td><td colspan="2"></td></tr>
<tr><td colspan="2">直接人工费用:</td><td></td><td>FOB价:</td><td></td><td colspan="6" rowspan="4">FOB价:货物上船之后的价钱
CIF价:货物上岸到对方手中的价钱</td><td rowspan="4">预计损耗</td><td>物料</td><td>用量</td><td>损耗</td><td>张面</td><td>级别</td></tr>
<tr><td colspan="2">间接人工费用:</td><td></td><td>CIF价:</td><td></td><td>主料</td><td></td><td></td><td></td><td></td></tr>
<tr><td colspan="2">间接其他费用:</td><td></td><td></td><td></td><td>配料</td><td></td><td></td><td></td><td></td></tr>
<tr><td colspan="2">合计:</td><td></td><td></td><td></td><td>里布</td><td></td><td></td><td></td><td></td></tr>
</table>

制定/日期:　　　　　　　　审核/日期:

开料材料表

客　　户：	（图片）
款　　号：	
刀模总件数：	
版　　本：	
生效日期：	

主料		
配料		
里布		

物料名称	封度	纸格编号	部件名称	件数	长×宽（英寸）	每袋用料	单位	单价（元）	开料层数	每件标准（秒）	每套标准（秒）

注：某部件需油边，则加注“*”号标识

制定/日期：　　　　　　　　审核/日期：

物料单价表

物　料	单　价	单位	封　度	物　料	单　价	单位	封　度
600g 双灰纸	2.14 元	张	31″×43″	20g 白色无纺布	0.5 元	码	63″
400g 双灰纸	1.4 元	张	31″×43″	50g 白色无纺布	1.2 元	码	63″
250g 双灰纸	0.9 元	张	31″×43″	65g 白色无纺布	1.6 元	码	63″
120g 牛皮纸	0.6 元	张	31″×43″	120g 白色无纺布	2.8 元	码	63″
150g 牛皮纸	0.7 元	张	31″×43″	180g 白色无纺布	3.8 元	码	63″
250g 白卡纸	0.9 元	张	31″×43″	260g 白色无纺布	5.3 元	码	63″
0.4mm 日本纸	7.0 元	张	36″×60″	1.0mm 白色回力胶	2.12 元	码	56″
0.6mm 日本纸	7.2 元	张	36″×60″	1.5mm 白色回力胶	2.9 元	码	56″
0.9mm 日本纸	8.0 元	张	36″×60″	2.0mm 白色回力胶	3.69 元	码	56″
0.4mm 皮糠纸	8.5 元	码	57″	3.0mm 白色回力胶	6.35 元	码	56″
0.6mm 皮糠革	9.5 元	码	57″	5.0mm 白色回力胶	10.8 元	码	46″
0.8mm 皮糠纸	16.81 元	码	57″	1.0mm 黄色回力胶	4.3 元	码	60″
1.0mm 皮糠纸	16.0 元	码	57″	1.5mm 黄色回力胶	4.8 元	码	60″
0.4mm 皮糠革	11.5 元	码	54″	2.0mm 黄色回力胶	3.49 元	码	36″
0.6mm 皮糠革	12.7 元	码	57″	2.0mm EVA	7.2 元	张	40″×96″
0.8mm 皮糠革	13.5 元	码	57″	3.0mm 黄色回力胶	5.1 元	码	36″
1.0mm 皮糠革	14.9 元	码	57″	5.0mm 黄色回力胶	12.7 元	码	56″
0.6mm 白色胶板	12.23 元	张	42″×48″	0.6mm 杂料	10.0 元	码	54″
0.6mm 黑色胶板	9.84 元	张	42″×48″	0.8mm 杂料	10.0 元	码	54″
0.8mm 白色胶板	10.7 元	张	42″×48″	1.0mm 杂料	10.0 元	码	54″
0.8mm 黑色胶板	12.8 元	张	42″×48″	1.2mm 杂料	10.0 元	码	54″
1.0mm 黑色胶板	10.4 元	张	42″×48″	0.6mm 双面网底杂料	12.0 元	码	54″
1.0mm 白色胶板	17.3 元	张	42″×48″	0.8mm 双面网底杂料	12.0 元	码	54″
1.5mm 黑色胶板	22.4 元	张	42″×48″	1.2mm 双面网底杂料	12.0 元	码	54″
1.5mm 白色胶板	23.6 元	张	42″×48″	2.0mm 海棉	2.18 元	张	41″×80″
2.0mm 黑色胶板	29.99 元	张	42″×48″	3.0mm 海棉	3.33 元	张	41″×80″
2.0mm 白色胶板	33.4 元	张	42″×48″	5.0mm 海棉	5.497 元	张	41″×80″

注：以上物料单价仅供参考。

3 采购与仓库

3.1 采 购

采购是购买制作产品所需原材料的关键。老板赚钱有多少，产品能否达到客户的要求，能否顺利生产出产品并按时保质、保量完成任务，都与采购密切相关。这就需要采购员熟悉本职工作流程与工作要求。

3.1.1 采购员岗位职责

(1) 明确本职工作要求，熟悉本职工作流程，具有良好的工作态度，能独立完成采购任务。

(2) 熟悉采购物料的规格、性能及用途等，灵活运用自身的采购实践经验，善于积累，能够多渠道、多品种、多规格地采购到所需物料。

(3) 如不能找到与样板一模一样的板料时，应能懂得根据样板的用途而找选近似的板料，以供请购部门选择。

(4) 具有良好的表达及沟通能力，能向供应商清晰、简洁地表述所需采购物料的具体要求，避免因表述不清而购错物料。

(5) 采购回来的物料要达到请购要求，保质、保量、保期完成采购任务。

(6) 具有评定、挑选合格供应商的能力，不与不良供应商合作，不采购不良物料。

(7) 绝对服从部门主管工作安排，尽力完成当天的采购任务。

(8) 发挥团队互助合作精神，必要时要协助其他同事完成有困难的采购任务。

(9) 具有良好的人格修养，不谎报物料实际单价，不收取供应商回扣。

(10) 勇于承担工作责任，不推诿、不造假、不欺瞒。

(11) 采购员需持有B牌以上驾照，驾车外出采购时，必须严格遵守交通规则，若因违规驾驶而出现交通意外，则采购员自负全责。

3.1.2 采购部门管理细则

(1) 每天早上由部门主管根据实际采购所需，合理安排各采购员分类采购，如有特急物料需要及时采购，采购员必须全力配合。

(2) 采购员凭主管交付的材料请购单或样板进行采购，并清楚了解所购物料的具体要求（如性能、材质、颜色、规格、用途等等）。

(3) 采购员在不主动了解清楚物料具体要求下，盲目购回不符合要求的物料，而导致公司财产损失，需承担该批不合格物料的全部购价，若因此而延误了产品生产货期，则视具体情况承担相应的责任。

(4) 采购员在外采购，必须充分利用有限时间及时购回所需物料，不得在外流连而不务正事，拖延时间，损害公司利益。

(5) 订购物料需与供应商签订采购合同，并由部门主管审批后方可采购。

(6) 采购员在外采购，如遇到难以定夺的采购项目，应及时致电请购部门进行沟通，即时解决，尽力做到当天任务当天清。

以上各项管理细则，采购员必须切实服从，不得以任何借口推诿或投机取巧、欺瞒逃避，否则将从严处理。

3.1.3 材料请购单

材料请购单

请购日期	生产款号	要求到料日期	颜色	供应商材料名称及规格（封度）	单位	库存数量	请购数量	核准数量	大货价	联系电话

主管：　　　　　　　　　　请购人：　　　　　　　　　　制单：

3.2 仓　库

仓库是所有原材料存放的地方，作为仓库管理员，必须熟悉并了解物料的种类、性质、价格、数量、金额等，并做好物料的保管与进出仓记录。

3.2.1 PU、PVC、皮、革的认识

仓库管理人员应对各种皮革有所认识。

3.2.1.1 皮与革的区别

皮与革是截然不同的两种东西，现在不少经营者往往把皮革简称为皮，把人造革简称为革，这种说法是不严谨的。

皮是指皮胶原纤维仍处于其在动物身体上时的状态（指化学纤维）；革是将动物皮经过化学处理，除去了皮中无用的成分，并使皮的胶原纤维的化学结构发生变化，而不同于其在动物体上时的状态。另外，革干燥状态柔软易曲，潮湿状态也不易腐烂。皮是制革的原料，革是由皮制成的。

3.2.1.2 合成革

合成革是模拟天然革的组成和结构，并可作为天然革的代用材料的塑料产品。合成革通常以经浸渍的无纺布为网状层，微孔聚氨脂层作为粒面层而制得。其正、反面都与皮革十分相似，并具有一定的透气性，比普通人造革更接近天然革，广泛用于制作鞋、靴、箱包和球类等。

1964年，美国杜邦公司最先制成商品名为柯芬的合成革，这种合成革用合成纤维无纺布为底基，中间以织物增强，并浸以与天然革胶原纤维组成相似的聚氨脂弹性体溶液，此弹性体溶液在水中凝固，其溶剂被水置换，因而在弹性体中形成微细小孔，这些孔互相连接，由表及里形成坚韧而富有弹性的微孔层，成为合成革的表层，并与底基构成整体。由于无纺布纤维交织形成的毛细管作用，有利于湿气的吸收和迁移，故合成革能部分表现天然革的呼吸特征。1965年，日本可乐丽公司研制成2层结构的合成革，取消了中间织物，以改善成品的柔软性。现代合成革品种繁多，各种合成革除具有合成纤维无纺布底基和聚氨脂微孔面层等共同特点外，其无纺布纤维品种和加工工艺各不相同，如采用丁苯或丁腈胶乳底基浸渍液等。

3.2.1.3 合成革 PU 和 PVC 的区别

消费者一般都会把真皮以外的合成革如 PVC、PU 革统称为人造革或仿皮，但这两种产品的制造工艺却不尽相同。

在制造过程中，PVC 革要先将塑料颗粒热熔拌成糊状，按规定的厚度均匀涂覆在 T/C 针织布底基上，然后进入发泡炉中进行发泡，使其具有能够适应生产各种不同产品、不同要求的柔软度，在出炉的同时进行表面处理（染色、压纹、磨光、消光、磨面、起毛等，主要是依照具体的产品要求来进行的）。

PU 革在制造工艺上比 PVC 革要复杂一些，由于 PU 的底布是抗拉强度好的帆布 PU 料，除了可以涂覆在底布的上面外，还可以将底布包含在中间，使之从外观看不到底布的存在。PU 革的物理性能要比 PVC 革好，耐曲折，柔软度好，抗拉强度大，具有透气性（PVC 无）。PVC 革的花纹是通过钢制的花纹辊热压而成的。PU 革的花纹是用一种花纹纸，先热贴压在半成品革表面，等冷却下来后，将半成品革与纸分离，再做表面处理。PU 革的价格比 PVC 革要高一倍以上，某些特殊要求的 PU 革的价格要比 PVC 革高 2～3 倍。一般 PU 革所需要的花纹纸，只能用 4～5 次即告报废，而花纹辊的使用周期长，因此 PU 革的成本比 PVC 革高。

这两种材料的适用范围也有一定的区别，在鞋类方面，PVC 革多用在里料或非承受重量的部位，或是制造童鞋；PU 革则可以适用于鞋类的面料或承受重量的部位。在包袋方面，使用得比较多的是 PVC 革，这是因为包袋中的物品不同于穿在鞋里的脚，不会散发热气，不用承受人的体重。

PU 革与 PVC 革比较容易区别，从边角看，PU 的底布要比 PVC 厚许多；手感方面也有区别，PU 的手感柔软一些，PVC 的手感较硬一些；也可以用火烧来鉴别，PU 的味道比 PVC 的味道要淡很多。

3.2.1.4 半 PU 的鉴定

合成革是一种很好的皮革代用品，用于做冬天的皮夹克，但是由于合成革是用 TPU（聚氨脂弹性体）加工而成的，而 TPU 价格非常贵，所以国内的很多生产厂家就用 PVC 来部分替代。他们是这样做的：在布基上先涂上 PVC（人造革），然后再涂上 TPU 的涂层。这样价格就可以大大下降，但是 PVC 中的增塑剂不到一年就会迁移出来，造成合成革（其实是人造革）变硬、变脆，所以有一些顾客买了新的皮夹克不到一年就变脆开裂了。其实这种合成革在生产工厂叫半合成革或半 PU 革。

半 PU 革可以用一种很简单的方法鉴定，就是把铜丝放在火中加热，一直到铜丝附近火焰是红色（不能有绿色）的时候，铜丝也烧红，将铜丝放在合成革上，合成革就马上融化在铜丝上，最后将铜丝再放到火上烧，如果此时的火是绿色的，则证明有PVC，是半PU革；如果此时的火是红色的则证明是PU革。

这种方法可以做一般的鉴定，但是不能做正式的鉴定，因为一些PU革中加入的助剂含有氯元素会造成误判，最好的办法是到权威部门用红外光照射的方法进行鉴定。

如果有红外光谱仪，也可以自己用红外光谱分析，方法是：先用乙酸乙酯浸泡PU革20分钟，可以发现三种情况：

（1）PU革在乙酸乙酯中只能溶涨。

（2）PVC革在乙酸乙酯中能溶解。

（3）半PU革在乙酸乙酯中表皮溶涨，但是下一层却溶解。可以用不锈钢镊子把溶涨的表皮镊出来放在过滤纸上摊平，然后用红外灯烘干（或晾干），就可以用红外光谱分析表皮。其他的部分可以在NaCL片上制膜，直接用NaCL片上的膜做红外光谱分析。

3.2.1.5 PU料

干式PU：用工艺粘在底布上再压纹，较薄（0.3～0.6 mm）。

温式PU：一半PU料一半PVC料，用工艺粘在底布上再压纹，偏厚（0.6～1.0 mm），较软，手感好，光度好，不易拉烂，耐挂，不易起皮脱层。

3.2.1.6 PVC料

以材料为PVC而取名，大多数PVC料都是通过发泡后再压纹，工艺相似，厚度0.8～1.5 mm，弹性差，手感、柔软度依据发泡倍数、时间、材料而定，发泡倍数越高越柔软，压纹时间越久、压力越大就越硬。

3.2.2 辅料类与包装类

3.2.2.1 辅料类

1. 布料

颜色要对板。每个供应商的度量单位不一样，如有以每平方码重计量的，也有以封度×1码重计量的。

（1）无纺布（不织布）：分克重（即以每平方米有多少克重来分别）。检验方法：看密度是否均匀；检查压的纹路是否紧凑，擦20次不易起毛、拉丝、脱层。

（2）天鹅绒：分克重，有深毛、浅毛之分，看料的密度是否均匀。

(3) 莱克布（佳积布）：分克重，有四面弹、两面弹，注意检查纹路与弹力、密度。

(4) 牛津布：尼龙料（光滑）、PP料（粗糙），纱织紧密，不能太稀，无崩纱。

(5) 布绒：棉底、牛津布，植毛均匀，不易擦掉。

2. 潜水衣料

A级：面料(拉米)+SBR+佳积布贴合而成；B级：面料(佳积布)+SBR+佳积布贴合而成；C级：面料（佳积布）+高发泡+佳积布贴合而成。SBR、CR有分厚度与硬度（5°～8°）；有手感、厚度（±0.15）、弹力（开料分纹）要求。

3. EVA料

面料+EVA+里布贴合后成型。注意掌握温度和时间，烤不熟不成型，烤太熟收缩太大。上下模具错位会一边厚一边薄，上下压的厚度也有差异；贴合不好会起皱、脱层。

4. 尼龙料

分D、T真料（尼龙料）和仿料（PVC+布底）。主要有1680D、1280D、840D、420D、640D、210D、320D、600×600D、600×300D纱的密度，有单股、双股之分，通常600×600D是双股，600×300D是单股。

5. 自粘贴合类

自粘胶水（过水性自粘胶、油性自粘胶）的粘度要求：上胶要均匀；不能折叠；里布不能渗透；不能脱胶。贴合有两层贴合、三层贴合。注意料的软硬度，硬的不能与软的贴合，弹性低的料注意贴合时是否有变形、脱层、起皱、弯曲及其贴合后厚度。

6. 五金

五金包括扣类、钮类（急钮，车缝钮）、钉类（中空钉、撞钉、开叉钉）、磁铁、鸡眼、D扣、钩扣（旋转钩扣）；五金的颜色有黑色（烤漆）、黑叻色（枪色）、白叻色，保存期6个月，不能生锈；应封油、过叻架。

扣类：D扣、钩扣，要顺畅、牢固，拉力10 kg～15 kg，款式形状要统一。

钮类：分公、母面，生产时考虑物料的厚度、机打模的高度来确定扣合松紧度；用手打模要注意手势、力度等。

钉类：中空钉、撞钉配模打，材质应有韧性，模具要调正，不能掉漆，不能开花。

磁铁：磁片规格为磁力30N～48N、40N。

鸡眼：用来钉在散口的物料上，在受力时不易拉破，打时不能变形，物料要到位。

7. 其他类

纸板、皮糠纸、海绵、沙网、PE骨，纸板、皮糠纸分纹、分克重，纸质不分层，厚度均匀，无杂质。

8. 橡筋和织带类

橡筋：注意弹力、纹路与纱织法，有普通、加厚针织；注意橡筋的好坏粗细，好橡筋拉长后回位不变形。

魔术贴：注意钩、毛边的粘性。

织带：材质有尼龙、PP；注意纹路、手感和对板。

橡筋与织带的宽度要符合标准，如下表所示。

<table>
<tr><th>尺　寸</th><th>纹　路</th><th>厚　度</th><th>组</th><th>备　注</th></tr>
<tr><td>1 寸</td><td>平纹普通</td><td>1.2 mm</td><td>14 组</td><td rowspan="6">一般加密 2 组为加厚 0.1 mm</td></tr>
<tr><td>1 寸</td><td>平纹加密</td><td>1.3 mm</td><td>16 组</td></tr>
<tr><td>1 寸</td><td>平纹加密</td><td>1.4 mm</td><td>18 组</td></tr>
<tr><td>1 寸 2 分</td><td>平纹普通</td><td>1.2 mm</td><td>18 组</td></tr>
<tr><td>1 寸 2 分</td><td>平纹加密</td><td>1.5 mm</td><td>22 组</td></tr>
<tr><td>1 寸 2 分</td><td>平纹加密</td><td>1.6 mm</td><td>26 组</td></tr>
</table>

3.2.2.2　包装类

纸箱：材质有 A≡A、A≡B、B≡B、单坑、双坑、三坑。注意印刷唛头、尺寸大小、随力度。

插卡：材质、印刷内容、颜色、尺寸规格，配吸塑盒检验。

胶袋：检查材质（PE、PP）、尺寸、厚度、规格，以及印刷内容、承受力度（熔接口）。

吸塑盒：检查材质、厚度、硬度、形状，有几个结构及其装配吻合度。

条形码、包装纸等：条形码要扫描检查；必须对照客户资料，准确无误，印刷清晰。

仓管员要对辅料与包装类材料进出仓库作记录，以下的记录表样式供参考。

仓库进出记录表

物料编码							
物料名称、规格							
颜色							
单位							
初始库存							
入库单价							
入库数量							
出库数量							
单据号							
即时库存							
部门预订							
预订后库存							
库存金额							
日　期							

4 裁　　床

裁床（也叫开料）是大批量生产时的第一个工序，主要是用刀模开料，做真皮主要是用手工开料，现在已经发展到全自动用电脑操作来开料。作为裁床的技术员必须全面了解并掌握裁床的机器、设备、工艺流程、作业要求与规范，这样才能把好第一道关口，为下一步生产、作业提供有力的保障。

4.1 裁床组织结构

裁床是手袋厂的重要生产部门，其组织结构如下图所示。

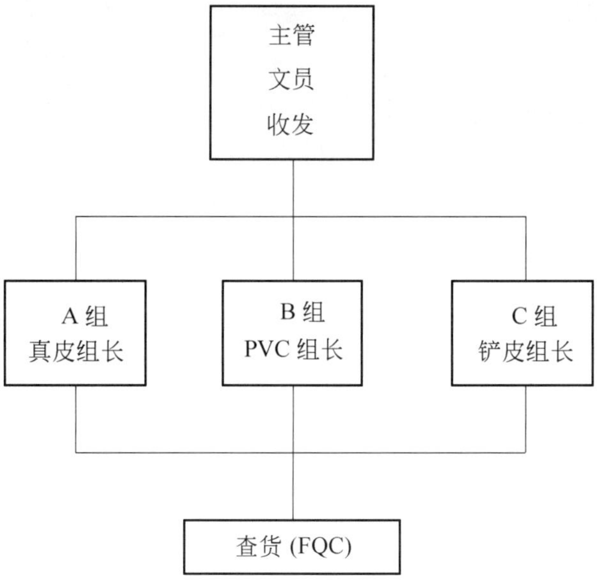

裁床组织结构图

4.2 裁床设备与工艺

裁床（也叫开料）是手袋大批量生产的第一道工序。把好第一道关，即算准料、会排料、选好料、用对料、开准料，就保障了后面相关工序的质量。这一道工序没做好，后面所有人所做的工作都是白费力气。裁床主要是用刀模开料，真皮主要是用手工推刀开料。

4.2.1 裁床机器

（1）裁断机（图 1）。俗称啤机，主要用于放刀模裁取物料，最大裁断长度 60″，最大裁断宽度 28″，最大裁断厚度 1.5 cm。如果超出以上范围就要改用电剪开料。

图 1　大啤机及其功能键

（2）切条机（图 2）。俗称捆条机，主要用于切直线长条型物料。切条机有大、小两种规格，大切条机最大切带宽度 62″，主要是对整卷物料的开条（如包边条、边骨料等）；小切条机最大切带宽度 12″，主要用于对单块料的开条（如手挽、肩带等）。

（3）切带机（图 3）。设置好需切断物料的长度及数量，接通电源，设置合适温度，待切刀加热到达设定温度后，就可以进行切断工作了。切带机的特点是切出来的物料口及边不会散丝、爆边，主要用于织带类、绳类、链布类等的切断。

（4）摇头机（图 4）。俗称细啤机，用人手控制机头，可以左右移动，主要是裁断单张细部件物料。

（5）切纸机。主要用于卡纸类和包装纸类等的裁切，最大裁切高度 110 mm，最大裁切长度920 mm，最大裁切宽度 920 mm。

图 2　细切条机

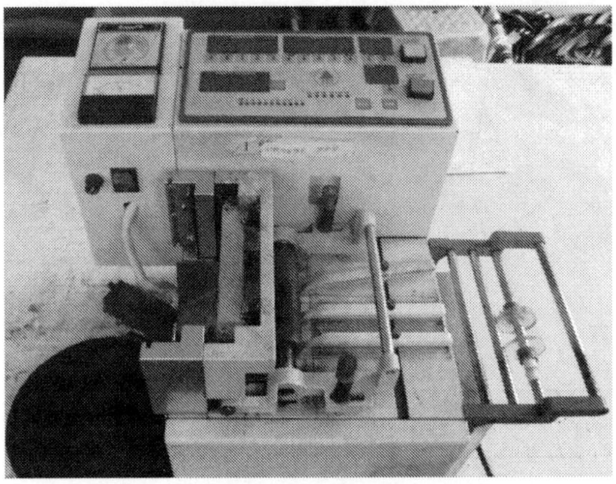

图 3　切带机

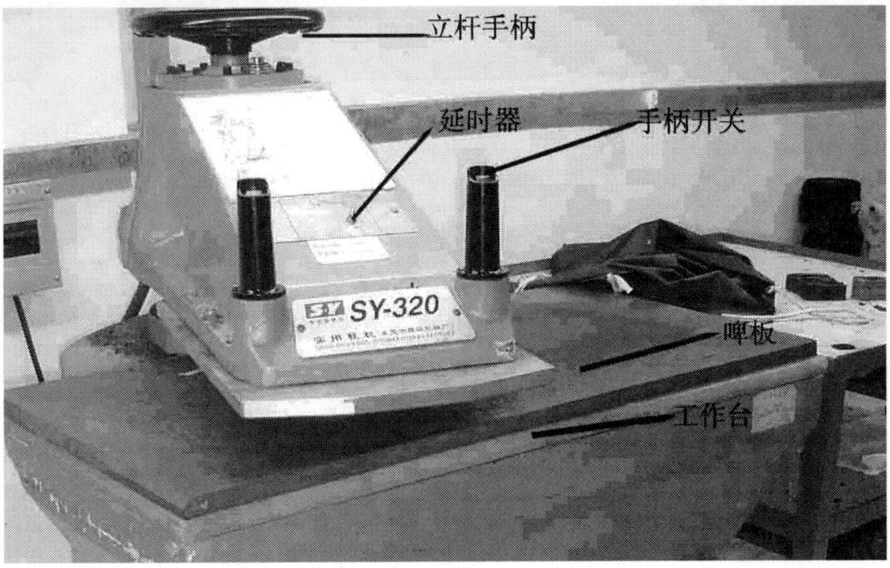

图 4　摇头机

（6）电剪。是一种电动裁剪工具，手袋用刀模开料超出规定范围时，可用电剪来开料。

（7）细铲皮机（图 5）。主要用于对物料边缘的铲薄，方便台面做胶水折边、分骨等，也为了便于车工的车缝工艺，使做出的袋子效果美观，有立体感。

（8）大铲皮机（图 6）。为了让做出的袋子效果美观，真皮袋主体部件（如前后幅、大身、横头等）厚度超过 1.5 mm 的，都要过大铲皮机，过大铲皮机后的厚度在 0.8～1.5 mm 之间。

（9）手工热压机（图 7）。热压就是通过电源把热压模加热到合适的温度，然后在物料的表面压上图案或其他线条等。热压机都有温度计，手工热压机用人力操作，这就要求工人要控制好力度、时间等。

图 5　细铲皮机

图 6　大铲皮机平面图

（10）自动热压机（图 8）。自动热压机是在手工热压机基础上改进的，它的温度、时间、压力都是自动控制的，大大提高了工作效率与产品质量。

图 7　手工热压机

图 8　自动热压机

图 9　打牙机

（11）打牙机（图 9）。高档袋子经常会用到铜牙拉链，因为铜牙拉链的牙是用铁或铜做的，车针碰到它会折断，所以要把隐藏在里面的链布牙打掉。打牙机就是将多余的链布牙切断打掉，操作时要留意，不要损坏链布。

（12）刀模。按照裁片纸格的尺寸、外形、结构，用宽 35 mm、厚 3 mm 左右一边有刀口的铁条，通过加热、造形焊接而成的开料工具。刀模是提高生产效率、保证品质的常用开料工具。

4.2.2 手工开料

形状特殊或补托底料比较厚的真皮袋细部件，除用啤机开料外，一般都是采用手工推刀开料。因皮的价格比较贵，而且损耗也比较大，手工开皮主要是为了省皮，同时方便选皮。真皮袋很注重颜色和纹路的配套，一个袋子上面的皮不能有明显的色差，颜色深浅要一样，皮的纹路也要相同，手工开皮可灵活地将有色差和纹路不相同的皮用在不显眼的地方。

手工推刀可用废锯片磨成，方法如下：

①先用砂轮机把锯片有牙齿的一边磨平，然后在锯片的一端磨出刀口的锥形。

②在油石上细磨刀口直到锋利为止，以能切断料丝为好。

③用碎皮、橡皮筋及竹片绑好没有刀口的一端。

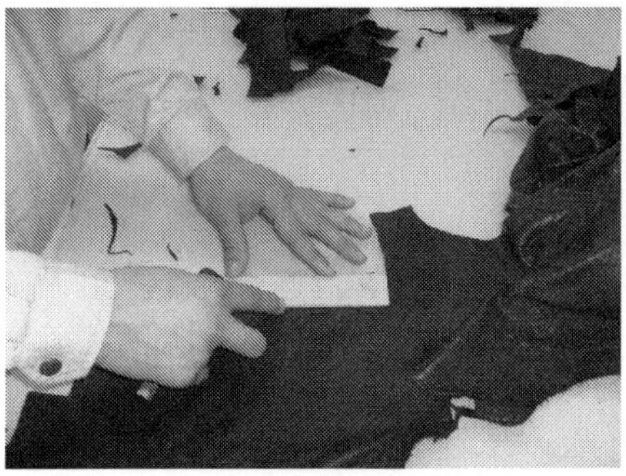

图 10　手工推刀开料

开料的手式：

①把物料平铺在平整的玻璃台上。

②刀口与台面成 30°～45°角并紧贴硬格，然后用力向前推，到头时要注意及时收刀（图 10）。

4.2.3 认识物料

①物料主要分为尼龙料、PU 料、PVC 料。要分纹路、花纹、字母方向。

②真皮主要分软皮、二层皮、沙骡皮。要注意皮的厚度、质感，留意有些皮还要分纹路。要查验皮的表面是否有沙眼、疤痕以及指甲痕。

③里布有棉质、尼龙等布料。同样要分颜色、质感、字母方向、条纹等。

④辅料包括回力胶、海绵、胶板、皮糠纸、皮糠革、杂里等。注意核对色卡。

4.2.4 认识手袋的构造

手袋的基本构造分为前后幅、袋底、横头、围、手挽、内贴、内里。部分复杂的袋还有盖面、盖底、俐仔、肩带、耳仔、外唛、内唛、手挽贴、装饰贴、拉链贴、引手等。

4.2.5 度量工具——钢尺

开料用的度量工具是钢尺，规格有 62″、48″、36″、24″、12″。钢尺用于核对资料上的尺寸与开出的实物是否相符。

4.2.6 操作要求

①先核对物料的颜色、性质是否和色卡相符（要求组长给正式生产色卡一份）。

②照纸格上标明的纹路、花纹、字母摆放。如果是皮的话，要按照生产的要求合理摆放，要避开疤痕。要把第一件产品交给组长确认后才能继续生产。

③自己生产的数量一定要与组长开单的数量相符，做到不多也不少。

4.2.7 减少损耗

①开料时，发现很多地方有抽纱、粗线头、死痕等严重情况时，应立即停止开料，并报告组长处理，等通知才可以继续开料。

②开皮料时，当皮料有沙眼、疤痕时，要避开；尽量先开大件的，再开小件的；先把好的开在前后幅，差的尽量开在不显眼的地方。

③开里布时，一定要注意是否有抽纱现象。当刀模不锋利时，要知会组长去修理。推刀要磨得很锋利才可以开里布。

4.3 裁床作业

1. 作业内容

原材料开成裁片。

2. 属用材料、工具及机器设备

(1) 属用材料：订单所需材料。

(2) 工具及机器设备：大啤机、刀模、界刀、剪刀、纸格等。

3. 作业步骤

(1) 选料（皮）。整张皮料在开料前都要经过选皮、画线后才开料。主要把皮料中的斑点、大毛孔、伤痕与四肢尾部、起皱、松面易烂皮质、松软等不良部位予以分类，并以构件的主次区分部位开料，如前幅开较好部位的皮料，后幅与隐藏地方开差一点的皮料。

(2) 贴料。选好的皮在贴料时注意皮的大小、边角，拼皮时要紧凑，避免间隙太大浪费里布；里布在开料时分横纹、直纹、斜纹或不分纹开料，在保证纹路的同时，不能多开刀数。注意：定位而不能托死的涂粉胶，须托牢固的涂黄胶贴合，胶水要涂均匀，不能起粒、分层；海绵与纸板用粉胶贴合，料贴合用黄胶。

(3) 排料。计算所需物料量，领取确认的物料并对照样板查验。操作员必须人在台子两侧，拉料必须平衡；根据物料厚薄度及要求确定开料层数，皮料为单层正面开，里布类为5～8层，胶片与PU料为5层、潜水衣为2～5层，自粘里布为自粘面在上开料5层。

(4) 领取刀模，核对制造单的刀模编号，并核对纸格。

(5) 开机前的准备。开机前先将延时器旋至最小，在工作台上放置啤板。

(6) 按“制造单”上的刀模编号核对刀模，确认正确无误后应注意开料纹路，按“制造单”上要求核料开料。

(7) 装模。将刀模按正确方向摆放在物料上（图11），启动电机，待电机恢复正常运转时，试空机两至三次，确定机器正常后方可冲裁物料。

图11　摆放刀模

图12　双手操作大啤机

(8) 调试：先把要开的物料置于工作台上，然后将摆臂摆至刀模正上方（刀口向下）；尽可能使摆臂对准刀模中心线，旋转上端手轮，顺时针摆臂下降，逆时针摆臂上升，使摆臂下平面与刀模上背距离6～10 mm。

(9) 双手按下摆臂下行按钮（图12），两个按钮必须同时按下去，1秒钟完成一次冲压。如刀模切入啤板过深，需将摆臂上的旋钮调高一点，直至刀模轻微切入啤板，刚好裁断物料为止。切料时间过长或磨损过大时需更换啤板。

(10) 抽查裁片：分次核对纸格，检查裁片是否正确。

(11) 下班时取出刀模放置平台上，将电源关闭。

4. 作业要点及规范

(1) 操作时必须两手按开关，手拿刀模要正确。

(2) 没有裁断的及滑刀的裁片，必须对照纸格用界刀或剪刀修理，不能用手扯、撕，以免变形与拉丝。

(3) 不同颜色和不同款号的裁片要分类摆放，使人一目了然。

(4) 作业完毕，应清点数量，贴上标识以便转入下一道工序，清理刀模并归还刀模房。

5. 注意事项

(1) 开料时刀模必须打蜡。

(2) 容易损坏的裁片必须轻放装箱。

(3) 开出的裁片必须有 QC 查验，并在物料卡签上名后才能流入下一道工序。

6. 异常处理办法

生产过程中出现异常事项时，如物料不正常或刀模变形等，应即时停止作业，并向上级反映异常事项；刀模修理后要经过 QC 检验方可开料。

4.4 铲皮作业

1. 作业内容

裁片过薄、铲边。

2. 属用材料工具及机器设备

(1) 属用材料：订单所需的生产皮料及物料。

(2) 工具及机器设备：铲皮机、厚度尺、钢尺等。

3. 作业步骤

(1) 清除铲皮机上的一切杂物。

(2) 根据所需在铲皮机上装适用的压脚，并用高温胶包好。

(3) 打开电源开关，调整适当的宽窄度、厚薄度。

(4) 试机。根据物料所需厚薄度、宽窄度进行试板，经 QC 确认后方可大量生产。

4. 作业要点及规范

(1) 铲皮压脚先用高温胶包好，装上后拧紧螺丝，不能松动。

(2) 调整压脚进行调试，用测厚仪量厚薄度（图 13），用钢尺测量宽窄度。

(3) 调整。观察胶轮与铲皮刀之间的距离，并调动胶轮架上的两个螺丝，使胶轮的弧度与铲皮刀弧度一致且距离在 0.3～0.5 mm 之间，然后调控压脚的升降旋钮使压脚的距离与铲皮刀的距离在 0.4～0.9 mm 之间，再固定压脚靠位与压脚前端的距离在 8～13 mm之间。

(4) 试产。按下开关“ON”键，采用中速启动铲皮，并拿一块废皮料试铲，以观察效果，若刀口不锋利需磨刀（图 14）。

图 13　大铲皮机测厚仪及数据仪

图 14　磨刀

（5）铲皮（皮的总厚度在 1.5～1.8 mm 之间）的规格：

搭位铲 2 分斜口，边位最薄 0.6 mm；

包边位铲 3 分斜口，边位最薄 0.8 mm；

空折边位铲 3 分半斜口，边位最薄 0.5 mm；

折边位铲 3 分半斜口，边位最薄 0.4 mm；

包壳位铲 4 分斜口，边位最薄 0.5 mm；

埋反位铲 4 分斜口，边位最薄 0.7 mm；

车反分骨位铲 4 分斜口，边位最薄 0.6 mm；

皮驳里布车反位铲 2 分斜口，边位最薄 0.9 mm；

窗口折边位铲$\frac{3}{4}''$斜口，边位最薄 0.5 mm，内框铲皮时一定要均匀一致，以免折边不到位。

具体数据根据物料及工艺会有所改动，请参考技术指引。

（6）操作时，将物料放于台板左边，摆放整齐以便拿料。

（7）铲皮时，两手拿起裁片放入压脚下，对准刀位，靠平挡位（图 15）；左脚踩下电机踏板让物料依次铲过，待物料完全通过后，即完成一项作业。要先慢后快地动作；有弧度的裁片要依弧度转动，铲出的边应一样宽。

图 15　铲皮

（8）物料铲好后，经 QC 检验后方可流入下一工序。

（9）作业完毕关闭电源，清洁铲皮机并上油。

5. 大铲皮机

真皮袋特别讲究铲皮和厚度，铲皮的好坏决定了袋子的美观程度，特别是多层皮需要重叠在一起的位置一定要铲到最薄，这样做出来的边和面才整齐与平整。手袋各种五金及鸡眼的脚长度，是根据皮再加上其他东西的总厚度而计算出来的；皮的厚度和硬度决定了袋子的造型和手感。真皮袋大身厚度正常值在 1.5～1.8 mm 之间，特殊情况再特殊处理；包边、包骨及其他需要补托底的部件，都要先过大铲后再做下一道工序，要计算准确需要铲皮的厚度。例如：

包边皮$\frac{6''}{8}$宽铲薄至 0.7～0.8 mm 厚；包骨皮$\frac{6''}{8}$宽铲薄至 0.6～0.7 mm 厚；

肩带双补总厚度 3.0 mm；

手挽皮散口补 0.8 mm 软杂料或补 0.8 mm 皮囊，总厚度 1.6 mm；

受力耳仔双补或补皮糠纸，中间放尼龙织带或里布补强，防止皮拉长、断裂，总厚度2.5 mm；

内窗贴、内唛贴补 0.4 mm 皮糠纸，总厚度 2.0 mm；

内外引手单层皮或双补总厚度在 1.5～2.0 mm 之间。

6. 注意事项

（1）铲边时必须按照工作指示的方法进行工作。

（2）电机启动前，清除周围杂物，特别是易燃品（因磨刀会产生火花）。

（3）磨刀时必须把压脚调上去再磨。

（4）禁止用手测试铲皮刀刃口，以防意外。

（5）由于长期送料，各种料屑等尘污物粘贴在送料轮表面，必须用砂轮修磨器对送料砂轮表面修磨，直到送料砂轮表面砂粒洁净为止。现在大部分厂都改用胶轮，因为胶轮不会损坏铲皮刀口，安全得多。

（6）由于磨刀砂轮经过多次对刃口的修磨，金属磨屑就会粘贴在磨刀砂轮的表面上，从而削弱了磨刀的速度及质量，因此必须用砂轮修磨器对磨刀砂轮的表面进行修磨。

7. 异常处理办法

在铲皮操作过程中发现异常，如位置不符合，厚薄度、宽度无法按要求调到位时，即时停止作业，并向上级反映，寻求解决办法。

5 车 间

车间是生产大货的部门，由台面、油边、车位、五金等几个组别来组成。作为车间的管理人员或工人，要想做好自己的本职工作，并能得心应手，就必须具备专业知识，掌握标准工作技能与技巧。

5.1 车间组织结构与制作生产板流程

5.1.1 车间组织结构

车间是手袋厂的主要生产部门，其组织结构如下图所示。

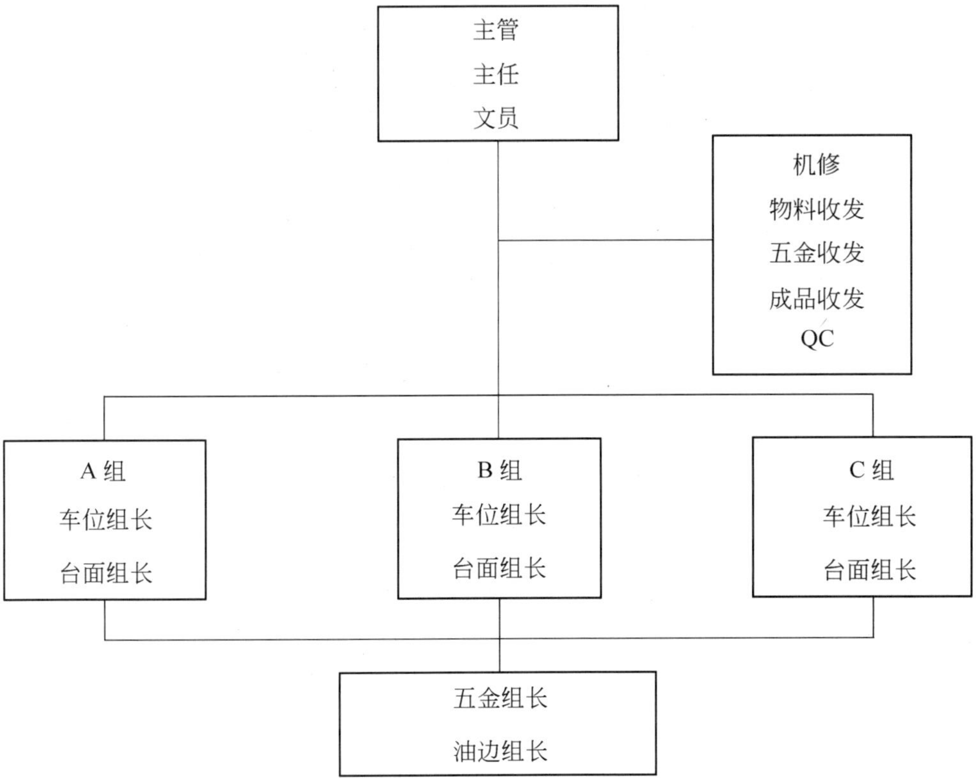

车间组织结构图

5.1.2 车间管理岗位职责

5.1.2.1 主管岗位职责

（1）建立清晰目标，明确生产任务，对 PMC 排产中的非正常货期做出反应。

（2）参与每日生产情况研究会及每天车间生产例会，了解每天目标、指标达成情况，督导各组改善事项。

（3）参与定期的 PMC 会议，针对出现的问题采取措施进行有效改善。

（4）参与放产会，对提出的问题、要求要跟进完成。

（5）对每张生产单进行复核，了解每款的做法，参与技术难点、瓶颈工位试验，了解每张单用皮、料质，包括来皮，对完成每张单做出准确的预期。

（6）处理人事关系，并将本部门的人员流动、动向及时向上级反映，若欠缺人力要及时申请补员。

（7）培训、晋升及考核员工，做出工资调整方案。

（8）跨部门沟通。

（9）指导生产现场管理，及时减少工时损失。

（10）质量控制，针对 1～3 项问题采取有效措施。

（11）有意识、负责任地控制成本，对工具、胶水、线、边油等有计划、有数据地控制用量；生产前要明确对品质的要求，生产过程中要督促按程序做好首检板，避免差错和人力、物力损失，有效控制补数。

（12）设备使用与维护、生产安全、环境保护要严格要求，对现场 6S 管理及工具管理、车针管理要落实执行。

5.1.2.2 生产文员职责

（1）人事。车间员工的变动，如新增、离厂、借调以及出勤情况；统计工时。填写各种报表并上报。

（2）工具。文具的换领、派发、回收、保管以及车间做模安排，车间各项工作的联络（如写联络单、请购单，报餐票等）。

（3）执行 6S 以及车间纪律、卫生的巡查，统计罚款名单并上报。

（4）复印、派发各种生产单和技术资料，并做记录。

（5）物料清单、色卡、袋板的借还及跟进。

（6）洗水袋、修理袋、不织布袋及外发单的跟进。

（7）对单，修改资料。

（8）生产会议记录及问题处理报告等。

（9）车针管理。

（10）吸烟人员管理。

5.1.2.3 行政助理

1. 岗位要求

（1）热爱企业，有较强的工作能力和综合管理、协调能力。

（2）有相关的财务管理知识，有较强的工作责任感和事业心。

（3）有人事劳资管理经验，有亲和力，沟通能力强。

2. 技能要求

（1）必须能够熟练地准备统计报表、书面报告以及做管理方面的演说。

（2）具有分析性思维的能力，要对自己的工作进行轻重缓急的判断，并且要对公司的发展和表现进行监控。

（3）要有较强的组织能力，能传播公司的正面形象，能在组织工作中有效地进行控制。

3. 职责

（1）协助经理及主管完成公司行政事务管理。

（2）参与公司绩效管理，对人员作考勤及离职、入职登记，并负责文档的建立和管理。

（3）参与车间行政，辅助主管在人事、预算制订、文档等办公事务中的管理工作。

（4）提出有关行政问题解决方案。

（5）管理公司内部文件。

（6）分析运营实践中出现的问题，制定新的工作流程或就原有的流程进行改进。

（7）向员工传达相关制度。

（8）优化工作流程，简化汇报程序，降低成本。

4. 工作、责任

（1）组织制订车间人力资源规划。

（2）组织企业的招聘及对员工的评价、考核和激励工作。

（3）组织车间制订培训计划并指导实施。

（4）组织车间薪酬设计。

（5）组织编制车间双周逐月业绩。

（6）负责召集车间办公会议，检查督促会议决议和经理及主管布置的工作任务贯彻落实情况。

5. 工作内容

（1）人事档案管理。

（2）人事考核作业。

（3）员工教育培训。

（4）作息考勤管理。

（5）奖惩办法的执行。

（6）各类公告的发布。

（7）招聘、录用、升迁、离退职的办理。

（8）各项规章制度监督与执行。

（9）协助经理制定公司各项管理制度。

（10）执行6S管理。

5.1.2.4 车间主任岗位职责

（1）组织工人进行技能培训，提高员工技术水平。

（2）组织班组、员工学习安全知识，树立“安全为了生产、生产必须安全”的思想。

（3）熟悉车间所有设备和工具的使用，组织班组、员工学习设备使用知识和建立保养制度等。

（4）合理安排本车间人员工作，按时、保质、保量完成生产任务。

（5）按照公司生产日计划安排班组人员工作，在生产过程中对班组及人员的工作进度、工作态度、工作效率等进行监督、指导，在必要时做出合理调整。

（6）严格以工艺文件和操作规程作为指导，按照最合理的方式、最优化的过程安排、组织生产，为“节能降耗”提出合理化建议。

（7）按照公司质量文件和技术文件要求，解决车间的日常质量问题和疑问。

（8）参与质量事故分析会议，会同相关部门找出事故的原因，并提出整改意见和预防事故发生的处理意见。

（9）代表公司关心本车间职工的日常生活，尽量为每一位职工创造一个和谐、人性化的工作环境，对于不能解决的问题可汇报主管、经理。

（10）在公司经理、主管的带领下，贯彻执行公司文件，围绕公司工作计划积极配合、协调各个部门，使公司各项工作顺利开展。

（11）做好公司经理、主管安排的其他临时性工作。

（12）监督各小组召开的每日早会状况，检查各小组人员是否准时到齐。

（13）了解每周生产排期以及入仓等数据，调配好生产线的纸格、生产板，保证生产顺利进行；检查员工的生产质量，及时做出指导与更正，确保质量符合要求。

（14）预备所用工具及模具，查看预计用量，核实物料到位状况，及时与收发仓负责人员沟通，如物料不够时应及时向主管反映。

（15）根据部门排期计划生产组人手，如人手不够应及时向主管反映，做到以总排期及部门排期为依据，监督各组按排期生产，确保按期入仓。

（16）工作时应不定时巡查各生产组进度，促进台面与车位之间的工作沟通，确保各组人机比例平衡，避免待料，随时对薄弱环节进行技术指导。

（17）跟进每日生产进度，了解当天的生产数量是否达标，同时找出不达标的原因所在，积极寻求解决方案。当生产有需要时，随时合理调动各组人员，如有问题及时向上级反映。

（18）加强质量管理意识，控制产品质量，随时保持与相关人员沟通，及时解决生产线出现的质量问题，提高产品质量。

（19）每款产品上线时，召集组长及相关人员开会，交代作业流程、注意事项及质量标准等。

（20）加强生产线巡查，抽查小组物料是否整齐，标识是否清楚，以及工作场所卫生状况，如有问题可要求组长即时给予解决。

（21）每日晚上负责安排各组第二天的生产计划，跟进第二天所欠物料，做好每款生产前的准备工作。

5.1.3 制作生产板流程

在车间生产中，制作生产板是关键生产环节。其生产流程如下图所示。

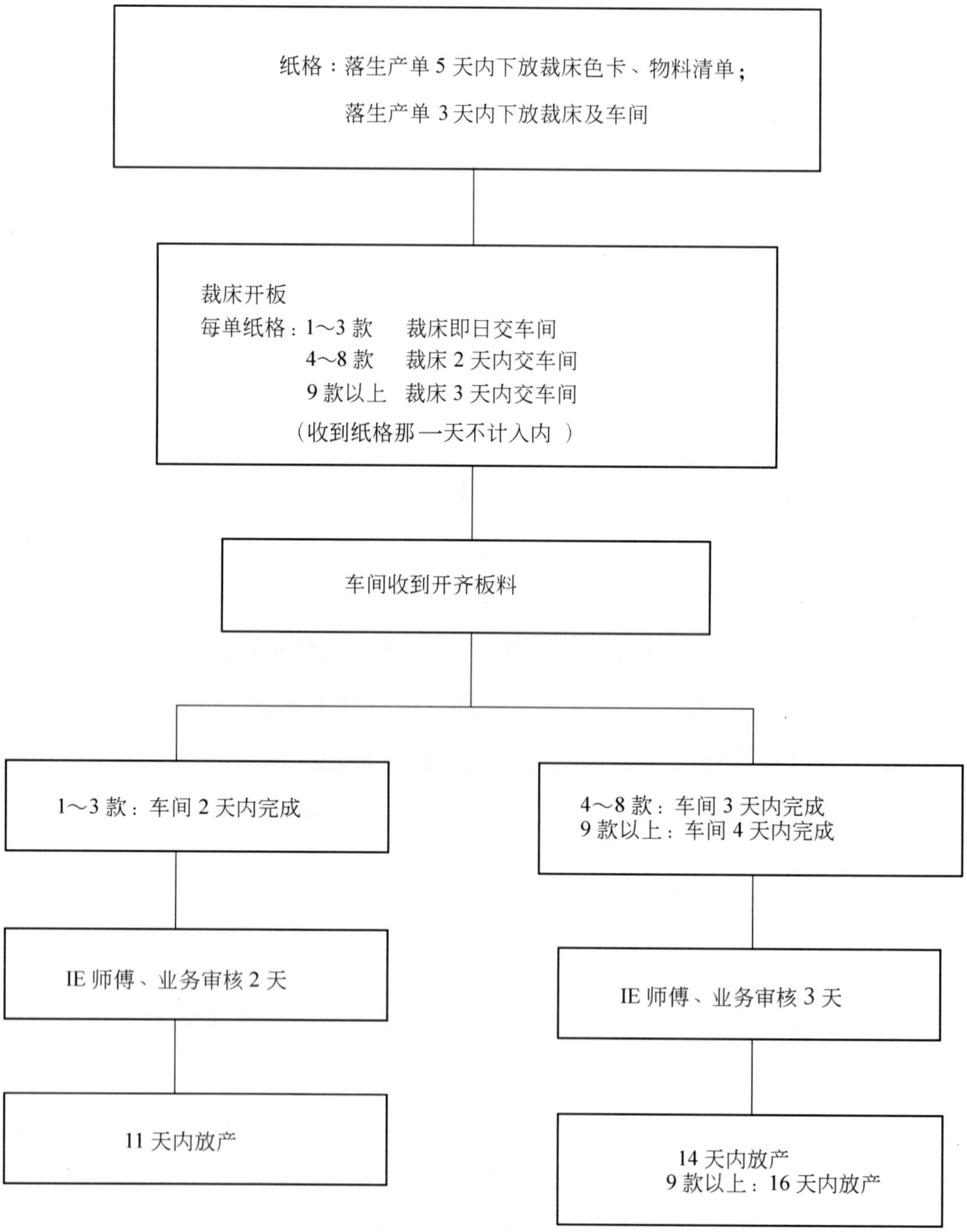

制作生产板流程

注：若是急单，则根据情况再另行计划完成与放产时间。

5.2 车　缝

5.2.1 车缝工艺

5.2.1.1 常用机车

1. 平车（图 1～图 3）

平车是手袋、皮具、制衣、制鞋等广泛使用的一种电动缝制工具，适用于平面部件的缝制，例如车反暗线、车面线、车里布等。

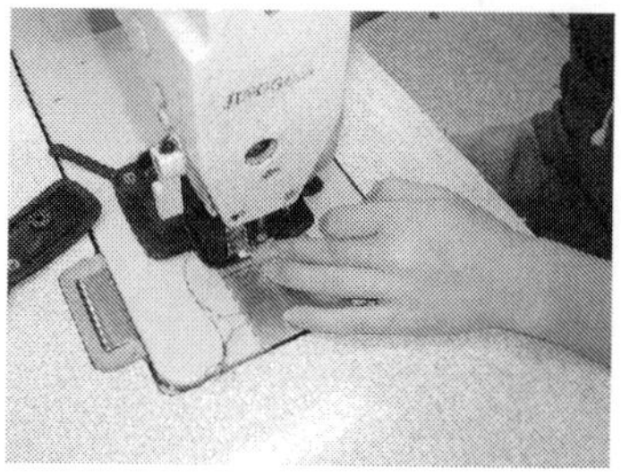

图 1　平车车面线

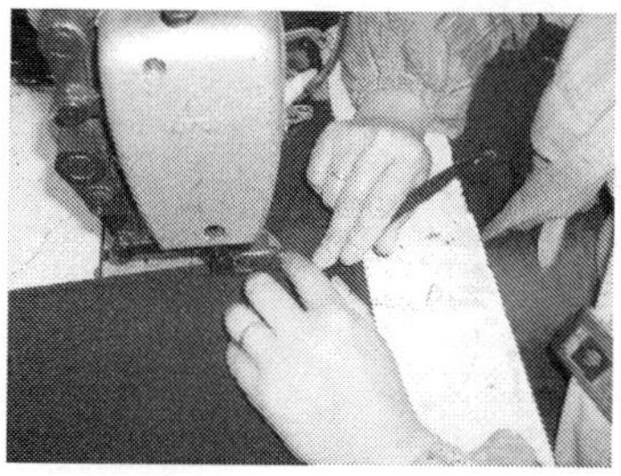

图 2　平车落骨

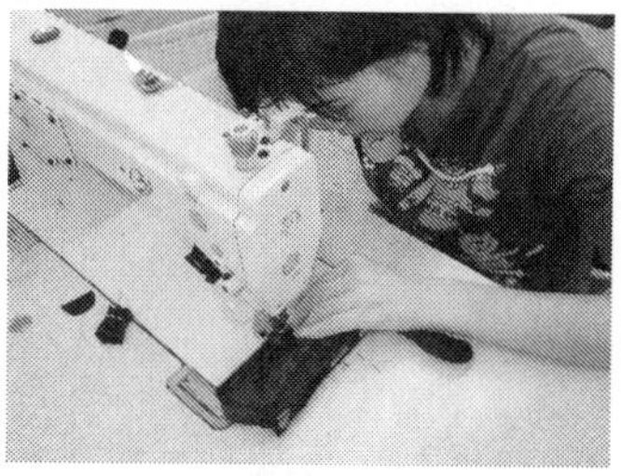

图 3　平车埋袋

2. 高车（图 4～图 8）

高车是手袋、皮具经常使用的一种电动缝制工具，适用于包体或立体的组合缝制，例如埋袋、装袋、包边、车棉芯手挽等。

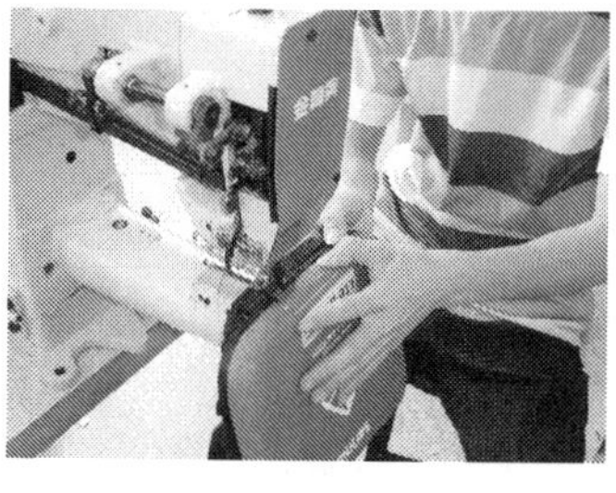

图 4　高车埋拉链

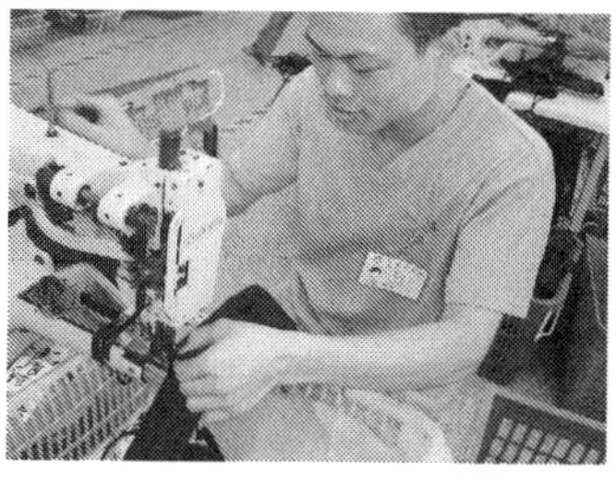

图 5　高车包边

图 6　高车车面线

3. 同步车（图 9）

同步车是在平车基础上改进而来的，它有两个压脚，并一起走动。同步车也叫 DY 车，适用于一些比较薄与很厚物料的缝制，用同步车缝制出来的部件线路与形体自然流畅。

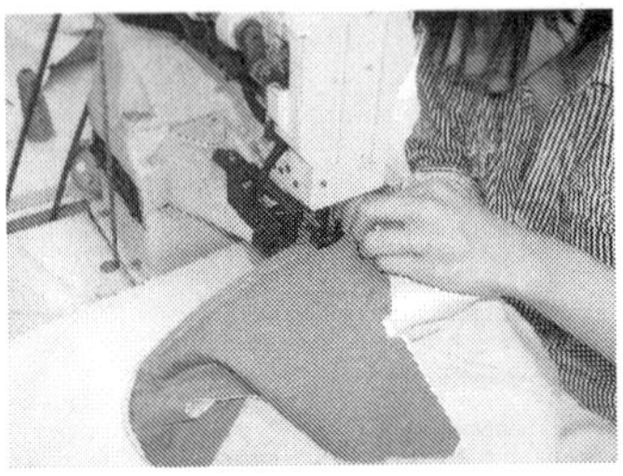

图 7　高车内包边

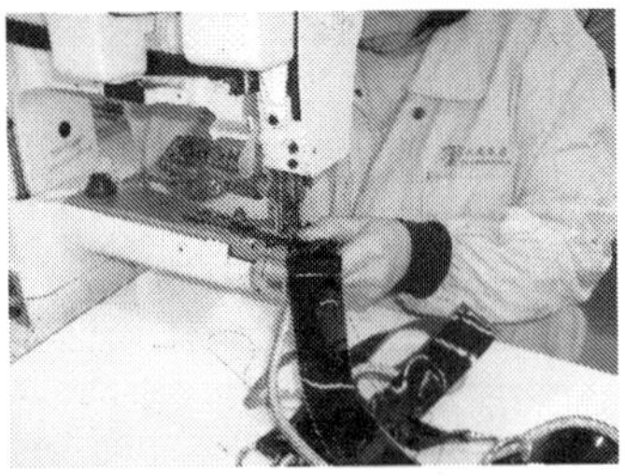

图 8　高车车棉芯手挽

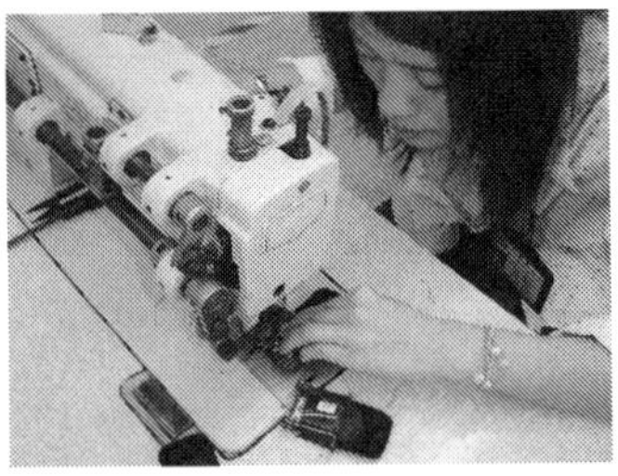

图 9　DY 车埋成品袋

4. 柱车（图 10～图 11）

柱车是手袋、皮具常见的特种电动缝制工具，适用于包壳袋与立体形体部位的缝制。

图 10　柱车

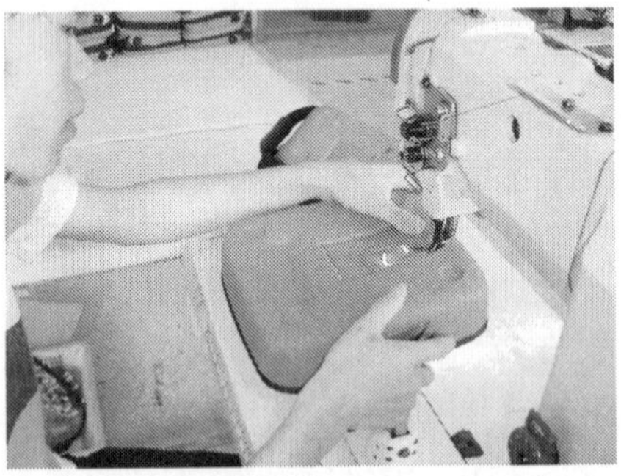

图 11　柱车车面线

5. 锁边车（图 12～图 13）

图 12　锁眼机

图 13　锁边机

锁边车也是手袋、皮具的特种电动缝制工具。锁边（也叫拷边）是通过锁边车将线环绕于部件的边缘车缝，是防止物料散边、毛边、撕边的一种工艺。例如编织料、布料、毛料等常需锁边。

6. 打阻车

打阻车也是特种电动缝制工具，一般适用于需要承受力很强的袋子，例如消防袋、登山包、行李袋等，就需要采用打阻来加固。打阻的部位主要是手挽、肩带、耳仔等受力处，有的客户也会设计打阻来作装饰。

5.2.1.2 机车配件

1. 平车压脚

平压脚——一般平车都是用胶压脚。胶压脚价格便宜，还可以根据实际需要自行制作成不同形状、尺寸。平压脚总宽度$\frac{7}{16}''$，主要用来车反暗线，一个压脚宽平边车线宽$\frac{2}{8}''$。

高低压脚——在平压脚基础上加工而来，因它在右边有一条高出的靠边而命名，高出的靠边宽度正常是$\frac{3}{32}''$，即车好的面线边距是$\frac{3}{32}''$。

单边压脚——单边压脚总宽度$\frac{2}{8}''$，有铁制的和塑料的，有左右两种类型。单边压脚主要针对部件太窄的地方。

胶轮压脚——胶轮压脚是在平压脚底部套上一个或两个胶圈，主要针对布料和较软的物料，其作用是防止机车牙将物料拉长。

落骨压脚——总宽度$\frac{5}{8}''$，是在大板压脚基础上偏左边刨一条圆坑，用来咬住边骨定位。落骨压脚车线边距$\frac{5}{32}''$。

2. 高车压脚

宽压脚——高车一般都是用铁压脚，其中左边是固定的，右边是可以拆换的。宽压脚总宽度$\frac{9}{16}''$，车线边距$\frac{3}{16}''$。一般包边用宽压脚。

细压脚——总宽度$\frac{7}{16}''$，车线边距$\frac{3}{32}''$。细压脚一般用来车面线。

高车埋袋压脚——总宽度$\frac{9}{16}''$，正常车线边距$\frac{3}{16}''$，骨较粗的车线边距$\frac{2}{8}''$。高车埋袋压脚是铁制的，买回来时底部的槽位已经做好。

3. 机车牙

高车牙——单排粗铁牙，有大孔和细孔之分。厚料、埋袋、包边、粗线等用大孔，

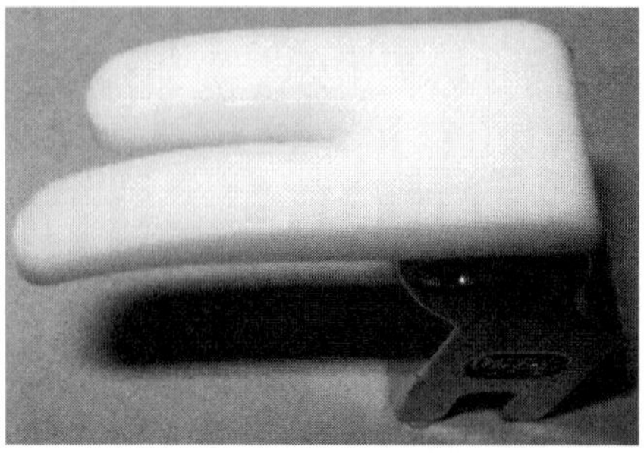

平车平压脚

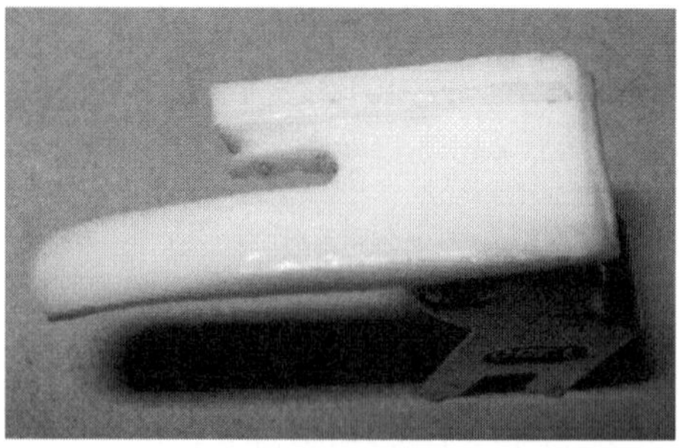

平车高低压脚

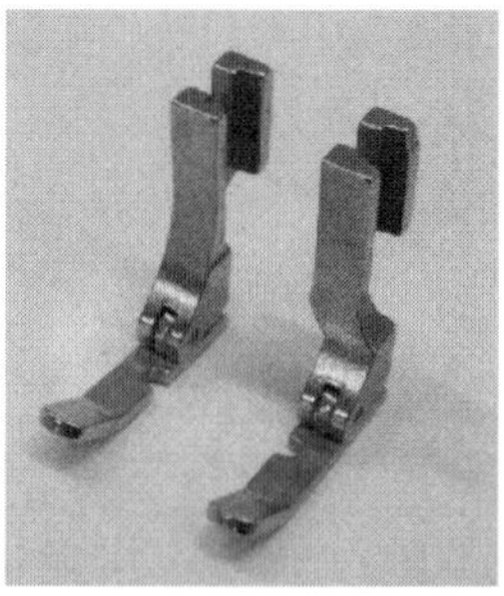

平车左右单边压脚

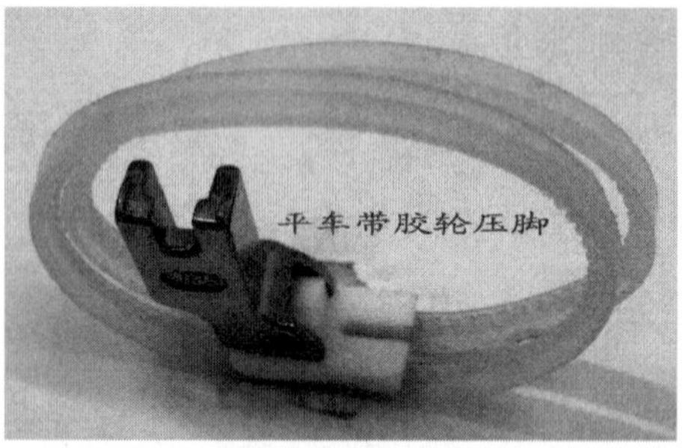

平车胶轮压脚

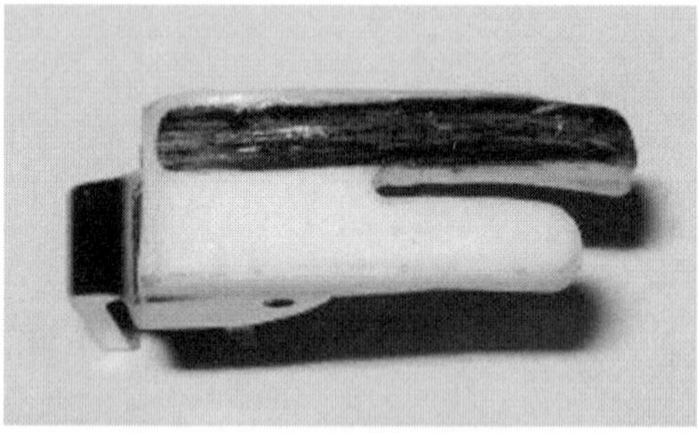

平车落骨压脚

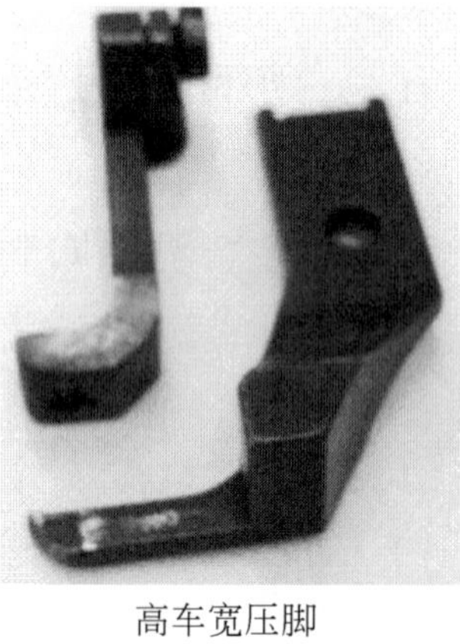

高车宽压脚

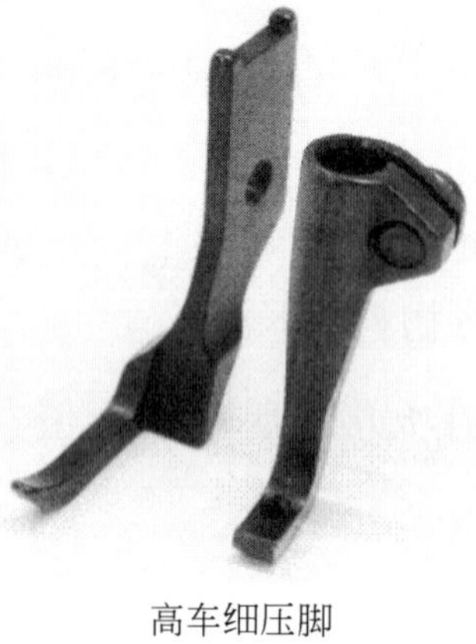

高车细压脚

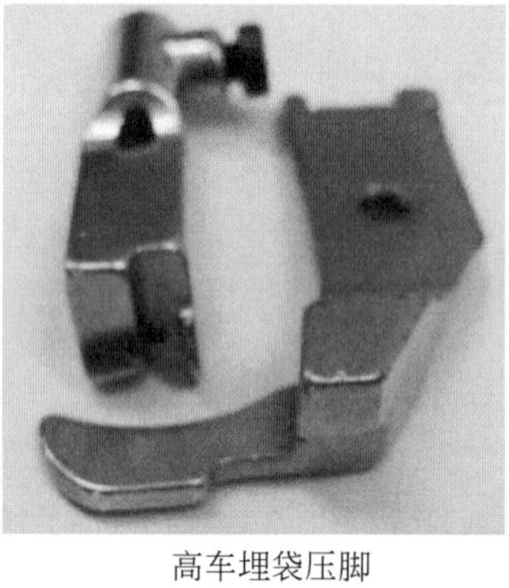

高车埋袋压脚

正常面线用小孔。

平车牙——三排铁牙，有粗牙和细牙之分。尼龙料和厚料用粗牙，薄料和真皮料用细牙。

双针车牙——二排粗铁牙，针距可以根据需要调整，也可以拆除用一枚针车。

同步车牙——三排粗铁牙，特殊情况会用到胶牙，主要是针对布料、软料、太薄的料。

4．车针

高车针——有刀针和圆针，型号有18＃、19＃、20＃、21＃、22＃、23＃等，正常情况用18＃、19＃车针车3股尼龙线，20＃、21＃车针车6股线，22＃、23＃车针

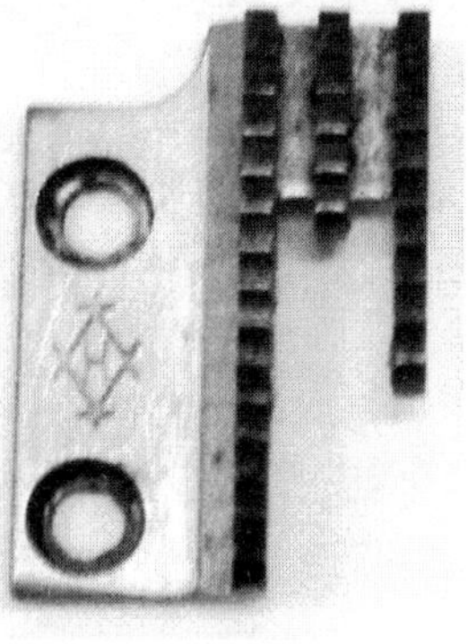

平车粗牙

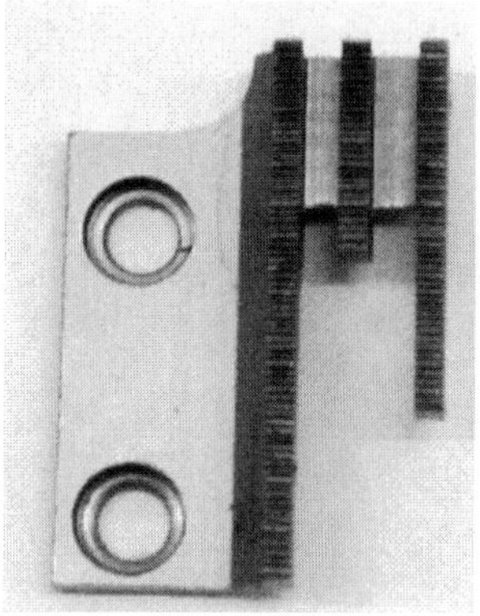

平车细牙

车 12 股线，做真皮用刀针。

平车针——有刀针和圆针，型号有 14＃、15＃、16＃、18＃、19＃、20＃、21＃、22＃、23＃等，正常情况用 18＃、19＃车针车 3 股尼龙线，1″车 7.5～8 针；20＃、21＃车针车 6 股线，1″车 7～7.5 针；21＃、22＃车针车 9 股线，1″车 6～6.5 针；23＃、24＃车针车 12 股线，1″车 5～5.5 针。做真皮用刀针，做银包用 15＃、16＃车针车 2 股尼龙线，1″车 9 针。

5. 包边筒

包边筒是一种包边用的工具，它可以提高生产效率，同时也保证质量的稳定。包边筒有$\frac{4}{8}''$、$\frac{5}{8}''$、$\frac{6}{8}''$、$\frac{7}{8}''$散口，1″、$1\frac{1}{8}''$单回口，$1\frac{2}{8}''$、$1\frac{3}{8}''$、$1\frac{4}{8}''$双回口。

6. 车线

（1）手袋尼龙车线底面能看见的部分：主、配料面 12 股、底 6 股，面 6 股、底 3 股，面 3 股、底 3 股；底线看不见但车在主、配料表面上的用线，与底、面线都能看见的用线是一样的。手袋的车反暗线和里布的车线统一用棉线 PP604 线。

（2）银包底面能看见与看不见的部分，都是用尼龙线，主、配料都用面 3 股、底 3 股或面 2 股、底 2 股。银包没有暗线叫法，暗线也就是底线；里布线一般也都是用尼龙线，除非有特别要求才会用棉线（PP604）。

5.2.1.3 车缝工艺名词解释

（1）倒针。指车缝压线时在特定的位置往回车线，是防止线头松散的一种加固方法。

（2）重针。指在原车线基础上，在原针孔位重叠压线的一种加固方法。

（3）锁针。指在要固定部件物料边口时，半针车在大身料，半针车在部件物料上或者车线绕边半周的方法。起针在要固定部件物料边口内两针处回车三针、套三针。

（4）拼缝。指的是通过将两片边口平行或两个边口相同的圆弧对碰以车人字纹线，或底部托料、两边车线将其连接在一起的一种方法。

（5）定位。指的是一个部件通过车线、粘合等方法固定在大身上的连接方法。

（6）包边。把一个部件或一个袋体的散口边缘用一条物料包起来。出筒包边：外包边散口宽$\frac{6}{8}''$、双回口宽$1\frac{2}{8}''\sim1\frac{3}{8}''$，单回口宽 1″；内包边织带宽$\frac{3}{4}''\sim\frac{7}{8}''$，有骨宽$\frac{7}{8}''\sim1''$；内包边里布双回口宽$1\frac{3}{8}''\sim1\frac{4}{8}''$。银包用手工包边，手袋在特殊的情况下才会采用手工包边。

（7）飞边。不用涂胶水，把物料的边放进筒里车出来。飞边有两行线，一般尼龙袋才会做飞边。

（8）捆边（也叫滚边）。先将一条$\frac{7}{8}''\sim1''$宽的片料放平在部件的散口边上，车上一行宽约1.5～2.5 mm的暗线，以固定要翻转过去的片料，然后给片料的底面涂上一层胶水，待胶水干后把捆边片料向部件底面翻转 270°包紧。捆边都是用手工完成的，做出来的效果高档，有立体感。捆好边的边位宽$\frac{1}{8}''$左右。

（9）车反。把两件或多件物料缝制在一起，一般车反位在$\frac{2}{8}''\sim\frac{3}{8}''$之间。

（10）分骨。把车反位的指口往两边分开摊平。如果是分骨后不用压线就需要擦胶水来分骨。

（11）车反分骨襟线。先在两件或多件物料的底面车反暗线，分骨后在物料的正面车明线。一般情况下尽量不要擦胶水来分骨襟线，因为胶水时间长了会渗透到物料的表面，使物料表面的颜色变得很难看，导致浅色物料袋子报废。

（12）暗线、明线、假线。暗线为从正面看不到的线；明线为从正面能看到的线；假线为只车穿面层料而不车穿底层料的线。

（13）手缝线、人字线。手缝线即为用手缝针缝制的线；人字线是用人字机车车出像人字形状的线，稀密可以调节。

（14）打角。角位的形状有“V”字形、“T”字形、“匚”（半框）形，使角位形成立体效果叫打角。

（15）打折。常见的打折就是在一件物料上，把牙位与牙位之间的物料按指示的方向重叠起来，使物料表面形成许多皱纹，达到一种特别的立体美感。还有两种打折：一是橡筋缩折，将橡筋拉长车在物料的底面，当橡筋缩回之后就会将物料拉在一起形成许多自然的皱纹；二是拉线缩折，先把面线调到最松，在物料表面合适的位置车一行线，然后用力拉紧面线,这时物料就会缩在一起形成许多自然的皱纹。

（16）骨芯。一般是用塑料做的，多数是圆形，有不同的型号粗度，宽$\frac{3}{4}''$的物料包 13＃骨芯，宽$\frac{7}{8}''$的物料包 12＃和 10＃骨芯，宽 1″物料包 8＃骨芯等。骨芯的作用是使袋子的外形边缘丰满，可作装饰用。

(17) 防水骨。也叫 T 骨，也是用塑料做的，有胶骨边和不同颜色，不用包骨料也可以直接车在袋子上。防水骨外面再加包骨料的，骨料的宽度与防水骨的粗度和骨芯的一样，作用也相同。

(18) 包骨。在骨芯或防水骨的外面包上一层物料，使它的颜色与袋子看起来协调。包骨一般都是用筒车车出来，真皮包骨也有用机器做出来的，一般厂是用手工擦胶水来包的。

(19) 落骨。把包好的骨再车在袋子的边缘上，一般落骨用 DY 车。

(20) 埋袋。把手袋的几个部件组合在一起，形成一个手袋的立体袋形（成袋），或一个部位的立体形状。

(21) 搭位。一件物料放在另一件物料上面来车，也指面层物料搭在底层物料上的宽度。

(22) 牙位。纸格边缘的一个“V”形剪口，剪口深度为 1.5mm，宽度在 2mm 左右。它的作用是用来定位，以方便生产，也是防止袋子形体歪曲的一种方法。

(23) 刀位。在物料的边缘或者其他地方切一个口，方便在其中某段折边或车反等。刀位要注明刀长（mm），防止刀位不准确导致出现爆口。

(24) 针位。在物料的表面刺上记号以方便生产，一般做尼龙料和里布等经常要有针位。时款袋用真皮或高档料时不用针位，一般采用人工点位，因为针位处理不好会露针孔在外面。

5.2.1.4 常用车缝工艺的技术要求

1. 面线

止口线上层，面料厚度≤1.5mm 的止口为 2.0mm ± 0.5mm，面料厚度≥5mm 的止口为 2.5mm；双线间距 4.8mm ± 0.2mm，特殊双线间距依技术资料执行。线头经打线结的，允许线头长 50mm；常规的，允许线头长 20mm。剪线后线头长允许 2mm。缝线不允许有浮线、跳针、线团、乱针。除涤纶线外，其余线的车缝线的起始头如在包的可视部位，需用吹毛机吹净线头（或用点线机点净线头）。

2. 包骨

所选用的骨芯、防水骨、包骨料必须符合样板资料表要求，应选择正确尺寸的出骨筒。硬身或厚身 PVC 料出骨时，边上都需每隔 4mm 割 2～3mm 深的刀位，割刀位的目的是使边骨容易弯曲不皱。

3. 落骨

选用正确落骨专用压脚。“U”形落骨车到头时，内胶骨芯需减去 1.4cm 左右，边骨料头折回 1cm；“O”形落骨时，头部空 1.5 cm 起针，车一周后剪断另一头内骨芯 1cm 并与起始处骨芯接到位。边骨料包过 2cm 后压线，重针 1.5cm，缝线边距为 4.5 mm；边骨边与部件边要对齐，允许误差 ± 0.5mm。缝制好的部件应不起皱，要平整，接头位正确。一般落骨用 PP604 棉线。

4. 埋袋

选用正确的埋袋压脚。埋袋时，围或底与前后幅的位置方向要正确（可以以拉头方向来判断），可参照技术资料或样包。埋袋时，边距 6mm ± 1mm。埋袋的缝线要紧，原包骨线、落骨线在埋袋之后不可暴露，埋袋时两边对准牙位或画位，边要对齐，围或底与前后车缝走势均匀，不能起皱。

5. 包边

包边筒可自制，自制包边筒以底线比面线止口宽 0.2mm～0.5mm 为原则，包边部位及包边所用材料需同纸格及样板资料一致。

包边时，外露的包边带需在起点与终点处倒回 3 针 + 1 针，线头拉到反面，用铬铁烧线或吹线机吹毛。公文包、男装包需在两端装上角夹遮盖包边的散口。在包“O”形、“□”形部件时，接头处重叠 15mm，明处缝线重叠倒针车过接头 2cm，线头拉反面剪净吹毛。包边好的部位不可起皱，要平整，止口线直且均匀，包边成型宽度允许误差 ± 0.5mm。包边部件上的商标、唛贴、手挽等要车完整后方可包边，所有包边两层的原有缝线不可外露。所有接头应在不直接可见之处或在包体后幅下部。

6. 车商标

车商标的位置应符合技术资料的要求，技术资料规定用电脑车商标的，生产车间不得擅自更改用其他设备，如一定要改用其他设备，必须经板房同意后方可更改。在缝制过程中，不得有半针、接头，在缝制止口时以不出现半针为准调整针距。“U”形商标缝制，两头需锁针倒回 2 针，线头拉向反面；“O”形商标缝制，以起针点为落针点，线头拉向反面打结，不允许有倒针现象；有特殊要求的，按技术资料处理。

7. 车盖头

车盖头底面成型规格、车线方法应符合技术要求。内托料按纸格要求放置。车反翻袋的盖头，车反时两头需在同一直线上倒针，车反边距 5mm，盖头定位于明处，翻袋后压明线起针与落针点不用倒针，线头拉向反面留 2mm。车双层叠合的盖头，在缝制前将盖头底面用胶水粘合，在需要做弯位的地方做上弯位，在细嘴高车上缝制，盖头底面允许 ± 0.5mm 的错位，视觉上其边仍平齐。盖面上的商标、盖底下的磁钮等必须制作完成后才可缝制。盖头车线不允许有接头，如果车到一半线路断线，要拆完线从头再车过。

8. 上盖头

塞入袋口的袋盖，其搭位 1.5cm ± 1mm。在缝制袋口止口时，以袋盖边缘为中心回 2 针加固。缝制在后贴内的袋盖按所画样针眼定位，袋盖定位反面需补强，补强必须用胶水粘实，定位两头倒回针，边距 5mm ± 1mm，针距 1cm 2.5 针。固定袋盖后按所画样针眼车缝后贴，袋盖定位处后贴上方压双线，间距 4.8mm，起针点在后贴下方左角，落针后套 4 针 ± 1 针。上好的袋盖不可歪斜，面平整，不起皱。

9. 前袋定位

前袋定位前必须核对位格定位是否正确，制作要符合技术资料要求。前袋定位按位格外 1mm ± 0.5mm 车线定位，水银笔的画线不可外露。前袋定位起针一般在袋下居中，一周车缝后套 5 针 ± 1 针，如为“U”形前袋，需在两头锁针倒回套 2 针，把线头拉到反面吹毛。前袋缝制不可歪斜，缝线平直，针距 10 针内允许误差 ± 1 针，允许在原套针位套针接头 1 次，把线头拉到反面打结后吹毛。

10. 锁边

锁边线的规格、颜色应与技术资料一致，以材料耗用量明细表、工序表、色卡为准。锁边部位应与技术资料一致，可参照样品并与工序表核对，有变动需查看“标准样包确认卡”的标注。锁边的缝线松紧度应调均匀，线迹面平整，不可浮线，线迹不可过紧，锁好后片料不可起皱。PVC 及牛津布过胶类面料锁边时，沿面料边缘缝紧，缝到位，止口为 4 mm ± 1mm。里料类如 70D 绦丝纺、150D 薄料、210D 薄料需沿边用锁边机配套的压脚刀割去 10 mm + 0.5 mm。锁边两边（两头）不用回针，线头剪到与大身料平齐。

11. 车棉芯手挽

手挽所用的材料、颜色、规格应符合技术资料要求。缝好的手挽缝线应平直，不能歪斜；芯应包紧，不松动。

12. 手挽定位

手挽规格、长度要符合技术要求，按正确的位置或画样位缝制。织带类手挽一般两头搭入 2cm，有内部补强（补强用胶水粘实）。如手袋容积超过 12 升即按手挽受力 6.6kg 计，织带两头回折 1cm 车方块；手袋容积超过 32 升即按织带受力 18kg 计。织带受力处需打阻（手袋容纳 1 升物品的重量以 550 克计）。

13. 车 D 型扣和方型扣

缝制 D 型扣与方型扣的材料成型后宽度应符合技术资料，成型参照样包，片料参照耗用明细表。缝线应紧靠 D 型扣和方型扣，缝制好的产品要求 D 型扣、方型扣不能转动。

油边之肩带成型宽度比配套 D 型扣、方型扣小 2 mm ± 0.5 mm，其余的部件成型宽度比配套扣件小 1.0 mm + 0.5 mm，车线离 D 型扣圈、方型扣圈外边距离为 8mm。缝制 D 型扣和方型扣，统一车成边长为 8mm 方框，此工艺用电脑车。容积为 9 升时，在原针位重复车 1 次，线头剪净；容积 10 升以上需在原针位重复车 2 次，要求套针。

14. 车链贴

常规尼龙拉链规格见下表。

常规尼龙拉链规格　　单位：mm

拉链规格	A	B	C	D	E
	拉链总宽	拉链齿宽	拉链单边布基	两边车缝后宽度	单边车缝宽度
3#	26±1	4.2±0.1	10.9±0.5	11±0.5	18±0.5
5#	32±1	6.0±0.1	13±0.5	13±0.5	22±0.5
大5#	34±1	6.6±0.1	13.7±0.5	13±0.5	22±0.5
8#	36±1	7.2±1	14.4±0.5	15±0.5	25±0.5
10#	40±2	10.6±1	14.7±1	17±0.5	28±1

按照技术要求，确认所缝的拉链止口是单线或双线，双线必须事先准备所需双针车针距的配套零件。起点和终点车入卡线的，两头需倒回针，可以在同一直线乱针，如在明处需套针。总宽度10cm的规则链贴，可以分条配合夹具与拉链车好后再按技术资料定长。

在拉链两边拼缝链贴需画样，常规以50cm以内对应画样4点，50～70cm之间对应画样6点，70～100cm之间对应画样8点，100cm以上每增加10cm对应增加画样点1个。

链贴明线止口允许有一个接头，出现断线时要拆去5～8针，把线头拉到反面打结，接线无套针，即断线落针点为重新车线之起针点。缝好的拉链要平整，不得显示弓形或波浪形；两侧面料平齐，允许±2mm的错拉。所有油边之链贴必须油边后车缝。常规拉头朝向：在前幅左向，后幅在后片左向。

5.2.2　车缝作业

1. 作业内容

针车操作。

2. 属用材料、工具及机器设备

(1) 属用材料：所需车缝物料、线。

(2) 工具及机器设备：针车、针车零件、货架、凳子、胶筐。

3. 作业步骤

(1) 按组长指示，装上合适的针车零件和车线。

(2) 打开电源开关。

(3) 用试车物料方式调整好针距与线路。

(4) 车5件物料给品管部确认后再生产。

(5) 每天上下班要清洁并保养，定期加油。

4. 作业要点及规范

(1) 车针的型号根据车货裁片需求而定（真皮、PU、PVC，一般用18#、19#车针），安装时先将针杆升到最高位，把车针穿线孔有长槽的一面朝向操作者的左面，把针柄插入杆孔内至底部，再旋紧螺钉，固定车针。

（2）绕底线：首先把梭芯套入绕线轴，然后把线放在线架上，由线孔引出线头，经过线孔过线夹再绕入梭芯内，直至绕满，满线跳板便自动弹开，最后取出梭芯套入梭壳内。

（3）把针杆升到最高位，然后放入梭扣，扣口面向梭膛按入，听“啪”的一声即可扣住梭壳。

（4）穿面线首先由线架上引出线头，然后经过机头的小线夹、小线板孔、三眼孔、小线勾、挑线杆、面板线勾，依此顺序最后穿入针孔内，并引出底线。

（5）根据裁片的要求，旋转针距调节钮，顺时针方向时针距变长，反之则变短。

（6）要依据缝纫出来的线迹来调整底面线的张力，使底面不出现抛线、浮线现象即可。

（7）调整压脚压力时，要松紧适中，太紧会造成物料变形和走位，太松会变得走不动和密针。

（8）倒向送料时，右手按下倒缝操作杆倒至所需的位置，然后松开手，操作杆便会自动复位，恢复顺向送料。

（9）直线须直。曲线须随裁片形状或指示使左右对称、圆滑。双线必须平行。

（10）车线线路扎实，抛线、浮线只允许1～2针；在前幅不得跳针，后幅不显眼处跳针也不得超过1针。

（11）表面针距一致，面线以每英寸7.5～8针为标准，面线止口为20mm；埋袋打角止口暗线为2分，10mm直径以上的孔位要车线。

（12）袋口、耳仔等受力部位都要倒针补强2～3针；接头只能一个，并只能重1～2针，接线不能分叉且要叠住原针孔。

（13）回针要回到受力点上。

（14）拉链不能有波浪，并且边距一致，链齿配合顺畅。

（15）打×为车长方形，画△为车等边三角形。

（16）补强四边都要车到，须放正。

（17）包骨、落骨用配色PP604棉线，透明胶PVC袋用透明鱼丝线。

（18）埋袋、粘袋须对准记号，不能歪。

（19）包边一般都是用包边筒来完成。银包插袋口或一些特殊的部位包边，需要采用手工来完成。包边的接口为4分，并且烫边不能散口，所有接头应在不直接可见之处，或在包体的后幅下部。

（20）下班前关好电源，清洁针车，将物料摆放整齐，车台上不能有物件。

5. 注意事项

（1）将线头剪干净。

（2）物料、半成品须放整齐。

（3）如发现物料不良，须挑出。

（4）如前一个工序有问题，应停止生产并向组长汇报。

（5）剩余物料必须交给统计部门。

（6）不良品须返工。

6. 异常处理

（1）当在车线过程中发现物料有问题时应停止生产并向组长汇报。

（2）当工艺制作有问题时应停止生产并提出，经确认后方可生产。

（3）可能停工待料时，应主动及时提出补充物料。

（4）停电时须立即关掉电源开关。

5.2.3 电脑车作业

1. 作业内容

电脑车缝制物料。

2. 作业范围及作业工具

（1）作业范围：电脑车缝制工具。

（2）作业工具：电脑车（图 1）、电脑车零件（软件）、模具、小剪刀、螺丝刀、货架、胶篮、凳子。

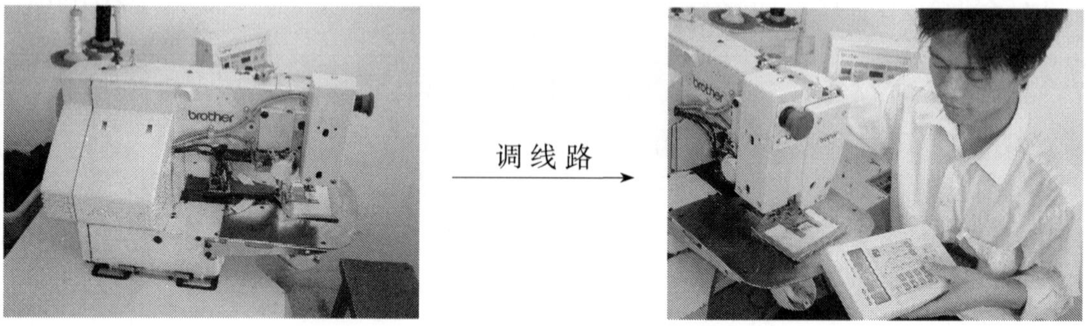

图 1　电脑车

3. 作业步骤

（1）将物料货架、凳子摆放好。

（2）按组长的指示，装上车线、压脚模。

（3）打开电源输入所要车货的图形、试车。

（4）开始工作。

（5）作业完毕，关掉电源，清洁电脑车并加油。

4. 作业要点及规范

（1）要点。

①压脚不能太高或太低，与物料面均为$\frac{1}{16}''$。

②开始试车不能太快。

③经常检查车出的货是否正常合格。

④不能乱动电脑车的位置及程式。

（2）规范。

①打开电源，先按“试缝”，再把物料对位，双手按好，调好针速。

②右脚踏下，再踏下左脚，开始作业。

③作业中发现不良现象应立即按“紧急刹车”一次，按压脚“升降”键两次，再按至原点方可车货。

④作业完毕，清洁电脑车内外，整理车位周围。

（3）在电脑车的送布板上用封箱胶纸粘一块250g单面板（规格为6.6mm×15.2cm）作为底模板。

（4）将要车线的裁片拿到裁床，在250g单面板上开出一块裁片纸样，然后按照车线的图形大小和要求在纸样上画出标准的线路走势图形，并将纸样用强力胶粘在底模板的合理位置（不应超出电脑程序的制作局限，应在上压板图形之内）。

（5）打开电脑车电源，接上电子显示板（即电脑程序输入显示器），转动机尾辘轴，将缝针转近原纸样图形，按照要求的针距制作程序，然后输入电脑程序记忆器，存入软件，并记录输入编号。

（6）方案A：适合各种方孔、圆孔、扁孔或其他特殊图形。

①取回预先订做的压板装上。

②取出裁片纸样，先踩左踏板（压脚键）再踩右踏板（启动键），在底模纸板上车出针孔，然后将能车的图形用美工刀界掉。

③剪一块和压板大小不一样的0.9mm英文纸（也叫日本纸与快巴纸），用强力胶水贴在压板下面，车出针孔，然后准确地按针孔外沿界掉纸板成为压板纸模（图2）。

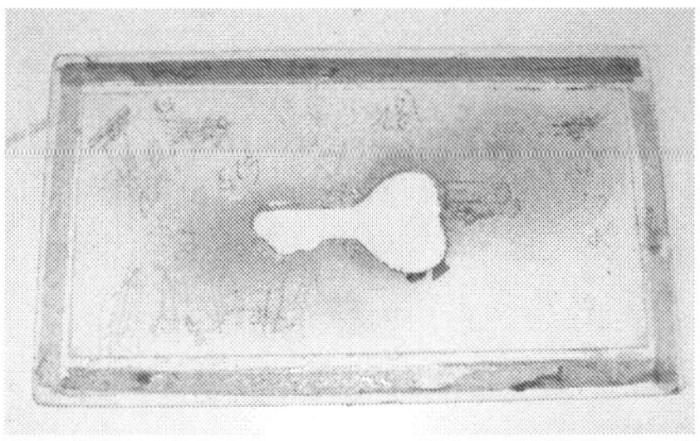

装入压板纸

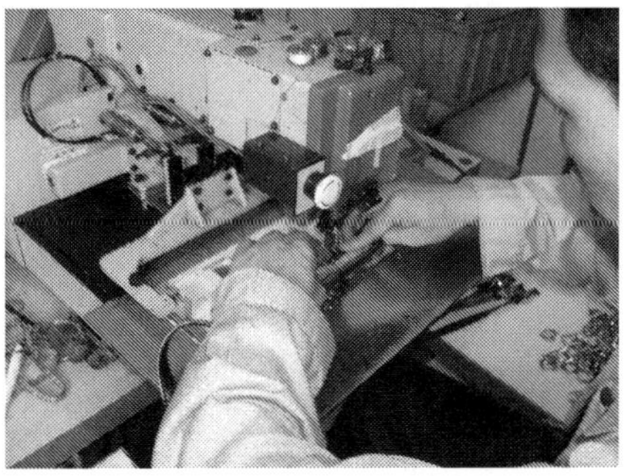

图2　压板纸模

④穿好底、面线，踩下压板，按压板纸模的图形，合理、准确地放置裁片，然后进行试车作业。

（7）方案 B：适合于各种耳仔或细小部件的车线等。

①将需车裁片拿去裁床，用刀模在双灰纸板上开出该裁片的外形，然后用强力胶水粘贴在底模裁片纸样之外的准确位置。

②在底模板上车出针孔，用美工刀界掉针孔图形。

③装上预先订做的压板，穿好底线、面线，将裁片准确地放置在底模板上的外模之中，然后进行试车作业。

5. 注意事项

（1）作业要求：裁片放置一定要按底板模的外模或上压板模的位置合理、准确放置，然后进行试车，经确认之后方可循环生产做大货。在做大货时，根据不同裁片，应注意合理的手势和技巧。

（2）品质要求：在作业之前应该复检前面一道工序（如裁床开料台面作业及针车车线等），看是否有异常情况，若有异常的就选出不车。在作业过程之中必须自检、常检，所车图形大小、线路、边距、针距及底、面线颜色要和原样板相符合，不能出现线路抛线、跳针、跳线、边距不均匀和将裁片打乱、刮花等情形。发现问题或电脑车出现异常情况时，应及时解决或上报解决，以杜绝产品的报废和返工。

（3）电脑车的保养和维护：

①加强对电脑车的保养，注意油盘中的机油不能低于标准刻度，要定时加注机油，另外注意清洁，加强防尘和除尘工作。

②电脑程序输入器和记忆器，除机修人员和组长外，其他人员未经允许不准随意调试。在电脑程序记忆器选择信息灯亮时，不要退出软件，以防损坏已记忆的资料内容。电脑软件取出后应注意防尘、防热、防压、防潮，不能接触有磁性的物体。

③电脑车之机械修理限于机修和专业保修之技师，其他人不得进行修理、拆装，以免造成机器损坏。

④安全作业：电脑车的机针、线杆和铁压板有致伤之危险，所以在作业中要特别注意安全，手和身体不能靠近以上危险部位。

（4）作业时不能突然关电。

（5）作业时不能同时使用气枪。

（6）电脑车附近不能放收音机、音响之类的东西。

（7）不能在电脑车上或周围敲打及震荡。

（8）加油应用电脑车专用油。

（9）磁卡不能沾到车油。

6. 异常处理

当出现声音不正常、转动不正常、模具走位、断线及线路不正常等问题时，应停机并报告组长，解决问题后再生产。

5.2.4 车针换领与登记

车针是针车的重要配件，在生产过程中常要更换不同类型的车针，且在工作过程中常有断针，为保障产品生产的安全性，杜绝断针遗失在包体里面，因此必须有一定换领和登记手续。

5.2.4.1 车针换领程序

办公室文员按需用量把车针发给机修员
（文员要有备用的车针及熟悉每一型号车针的详细数据）

↓

机修员核对好支数，装在专用的腰包
（机修员要有备用的车针及熟悉每一型号车针的详细数据）

↓

(1) 车位员工每次要更换不同类型车针时，要到机修员处以一换一换领

（2）如果断针的，员工要接驳好完整的断针，写清楚车针型号及用在哪张单、哪个款，写在贴纸上一齐到机修员处更换，机修员将断针连同贴纸一齐粘在纸卡上

↓

机修员将粘在纸卡上的断针到车间办公室文员处换领，办公室文员对领用车针情况要登记

↓

办公室文员到仓库以旧换新换领车针

注：车位员工辞职，办公室文员要收回其车针，有新员工则要发给一支车针。

5.2.4.2 车间断针换领登记表

断针换领登记表

生产线__________ 组别__________

日 期	断针人姓名	衣车编号	断针样板	检查员	断针形状	领针型号

合计：

5.2.4.3 车间车针情况

车间换领车针情况表(负责人：　　　　)

名　称	库存量	日　期																															坏针数量
		1	2	3	4	5	6	7	8	9	10	11	12	13	14	15	16	17	18	19	20	21	22	23	24	25	26	27	28	29	30	31	
高车刀针 14＃																																	
高车刀针 16＃																																	
高车刀针 18＃																																	
高车刀针 19＃																																	
高车刀针 21＃																																	
高车刀针 22＃																																	
平车刀针 14＃																																	
平车刀针 16＃																																	
平车刀针 18＃																																	
平车刀针 20＃																																	
平车刀针 21＃																																	
高车圆针 14＃																																	
高车圆针 16＃																																	
高车圆针 18＃																																	
高车圆针 19＃																																	
高车圆针 20＃																																	
高车圆针 21＃																																	
平车圆针 14＃																																	
平车圆针 16＃																																	
平车圆针 18＃																																	
平车圆针 20＃																																	
平车圆针 21＃																																	
平车圆针 22＃																																	
平车圆针 23＃																																	
总数量																																	

5.3 台　面

5.3.1 台面工艺

5.3.1.1 胶水

1. 台面员工应了解胶水的性质，准确判断哪种物料适合用哪种胶水。新的物料做货时要试清楚用哪种胶水适合。

（1）粉胶。粉胶主要用于布底、海绵、回力胶、卡纸类等的粘贴。粉胶比万能胶价钱便宜，且容易返工和清理，只要沾上白电油就可以溶解；缺点是与光滑的 PVC 底附着力差，就算当时能粘上去，时间长一点就会脱落。一般做真皮袋常用粉胶。

（2）万能胶（又名黄胶）。万能胶主要用于 PVC 光滑底物料的粘贴，车假线后再粘贴的部件或袋子也用万能胶。

（3）强力胶（也叫 237 药水糊）。其附着强度和万能胶差不多，但它干固后不会变黄。强力胶具有万能胶附着力强、不容易脱落的特点，但价钱相对要贵一些，且容易腐蚀物料；有些物料是不能用强力胶的，如果强力胶弄脏物料，干了之后不容易擦掉。

（4）白胶。白胶是手袋厂最常用的胶水，不但价钱很便宜，而且不会腐蚀和渗透物料，但白胶用于光滑的 PVC 底物料附着力差。大面积的喷胶都采用白胶，如果是 PVC 光滑底物料，喷胶前要先喷 7B 水。白胶一般情况下不能兑水，兑水之后时间长了会变臭。

（5）7B 水（也叫洗涤水）。TB 水没有粘性，主要作用是腐蚀光滑的 PVC 底，提高其他胶水的附着力。

2. 双面料补与中夹料补时一定要粘死，特别是补好后不再车线的，要放进压力机压一次。双补好的物料表面要平整，不起皱，无胶水粒，无破损。摆放的台面要干净，不能让杂质擦花物料表面，特别是光胶料、透明胶等敏感的物料要小心处理：每张物料的表面要放一层拷贝纸来保护；操作接触物料频繁的人员不能留长指甲，而且还要戴手套；做好的半成品或成品要用无纺布袋套好。

3. 根据折边位的大小来判断扫胶水的宽度：折边位 2 分，扫胶水的宽度 3 分半；折边位 2 分半，扫胶水的宽度 4 分半；折边位 3 分，扫胶水的宽度 5 分半。总之，不管是折边位、搭位还是车反位，需要扫胶水的宽度是它本身宽度的 2 倍减半分。特别是有的袋子没有里布，更加要注意扫胶水的宽度不要出界。另外，有些物料，胶水很容易扩散到表面，扫白胶水的刷子要比较干，只能轻轻地在物料边扫上一点稀薄的胶水，或者改用喷胶方式，喷胶时胶水壶的出口不能太大，否则胶水太厚且浪费胶水。

5.3.1.2 双面胶

双面胶是成卷的。很多物料不能用双面胶粘贴，特别是浅色物料，时间长会透出面料，发黄，很难清理。

5.3.1.3 物料分底与面

物料底与面要分清，用有油光布的一面做面还是会吸尘的一面做面要心中有数。物料、里布有花纹、有上下方向、有英文字等，要弄清楚后方可进行下一步工作。

5.3.1.4 唛头

（1）位置按要求装配，不歪，不掉转上下，对于大身或其他部位压唛、折边要注意边位高低。

（2）压唛要分清楚客户名称，压唛要正，特别小心皮唛会返生。

5.3.1.5 折边

（1）折边要直，边口不能凹凸不平，不能斜口；折角不能爆角；折圆位要顺滑，弯位要折贴实。刀位要够深，但不能出边。

（2）折窗口不能爆角，直角折边要垂直。

（3）落海绵或生折边要平整，小心起波浪。

5.3.1.6 拉链及窗口

（1）确定拉链的宽度时，要先看袋形、里布的厚度、链头号数，每个袋形要求的拉链宽度是不同的。拉链太窄会难拉动，太宽会有波浪。弧形或直线都有不同的宽度。

（2）粘拉链不能造成大小边或长短边。

（3）注意粘袋口位拉链时，内外中位及两边位要对准。

（4）折边的拉链贴及拉链，其宽度要等于横头或横头贴，折拉链贴边时要试拉头是否顺畅。

（5）做货时要注意拉链布的质量，特别是铁牙链布易起波浪，一定要先定好拉链形后才能粘上袋子。

（6）大身窗与内窗对粘时要吻合，底面平行。

（7）注意开窗不要歪，要符合纸格的位置。

（8）小心链头方向，有些客户会要求不同的方向。

5.3.1.7 盖面

（1）盖头上驳、下驳、中驳等拼驳时，要对正格，搭位要准确。

（2）盖底及盖面合并时，弯位要准确，装上袋子后弯位要刚好在袋口的位置。

（3）盖底反包着盖面下边的，料口宽不能超过$\frac{2}{8}''$，注意车好后不能看到料口。

（4）盖面上加有俐仔的，要预够抛位。没有做抛位时，盖头会起皱，不顺服。

（5）盖面内有海绵，面又有贴仔时，要偷去贴位的海绵，使盖面平整不起皱。

5.3.1.8 耳仔

（1）双补中夹布再补皮糠纸的，要粘紧、粘牢，不粘紧会起皱。

（2）大身及其他部位粘耳仔要跟足纸格的位置，对粘边位要平齐。

5.3.1.9 驳位

任何有驳口的部位都要对照正格，大身拼接时上下边对齐，挽手位对准；有五金、唛头、前后袋仔、耳仔等时，其位置不能有出入，要认真细心对准正格。

5.3.1.10 横头侧围

（1）横头侧围驳口的驳位要准确，驳好后，边位尺寸与大身边位尺寸要吻合。

（2）有刀位、牙位的围，要检查开料准确才做。要根据横头向内或向外弯曲的程度，定横头里布及托胶时需要做的弯位，让横头顺畅。

5.3.1.11 包壳

（1）前后有挽手、俐仔、外袋仔，贴皮、唛头等时指口大小要一致，不能偏大、偏小，保持位置不歪斜。

（2）包壳横头要放正，若有高低，袋会歪。

（3）横头最后折边要前后折平，有高低位会使整个袋口不平衡。

5.3.1.12 挽手及背带

（1）放托底芯时要自然地平放下去，不能拉紧平头来放，因为拉紧会使面料弯曲，太松则面料会起波浪。只有弯曲的挽手托底芯才需要做弯位。没有弹性的料或皮内做棉芯，棉芯与面料要有抛位，没有抛位，挽手会有断痕。不车线的挽手及肩带，边位要粘死、粘紧，不能爆口。

（2）挽手贴合的边位应平整，定位对称平衡。

（3）做真皮时要配色，车好后长度要符合资料要求，车线指口、大小粗度要配套。

(4) 注意底用料折边及面做散口或织带时，对粘宽窄一致，同时要检查是否与五金扣的宽度相等。不同的供应商，其织带宽度会有差异，做货时要留意。

(5) 出筒时，要注意筒是否适合，开料宽度是否正确，因为不合适的筒或料宽，会造成重叠口或坑痕。

(6) 注意开料纹路的要求，纹路不对会起皱及断痕。

5.3.1.13 边骨

(1) 真皮包骨要压实，用机器辘出时，要时时检查是否有烂料、变形、切口过大等。

(2) 注意骨的粗度是否符合要求。硬料及定型袋要用硬骨；软料及软袋用比较软的骨，因为用硬骨会使软袋变形弯曲。弹簧骨适合做定型袋。

5.3.1.14 里布

(1) 内里布布质是容易散纱的，应改为回口、边位扫胶水或加补强等做法。

(2) 白色或浅色里布，胶水容易透出的，不要刷胶水，改为做生折。

5.3.1.15 托底料

托底料要对清楚纹路、厚度、软硬度，看其是否可用作生产，因为不适合的托底料会影响手袋的手感。浅色的大身料要用浅色托底料。

5.3.1.16 分骨

(1) 分骨不能露线，要将线藏入。如果出现露线，要了解车位的车针和线是否正确与配套。

(2) 分骨要平整，刷胶水不要太宽。胶水超过折边位时，两边会有边的压痕。

5.3.1.17 摆放

工作台面要保持整齐干净，保持原料清洁；每件料要摆放整齐，不能重叠太多，特别注意有五金的不能重叠，因五金会压伤、压烂物料。

5.3.1.18 工具保管

每天下班要清点自己的工具，如有遗失一定要追查，找不到时要上报，特别注意不能把工具遗忘在成品的手袋里面。

5.3.2 台面作业

1. 作业内容

流水线作业。

2. 作业范围及作业工具

（1）作业范围：手工作业。

（2）作业工具：台面、铁锤、铁板、电烙铁、凳子、篮筐、胶水瓶、胶水刷、胶水机、电喷枪、剪刀、夹子、圆角刀、锥子、折边竹、推竹、折边机、刀、钢尺等。

3. 作业步骤

（1）上料。

①按领料单确定各种物料的名称、规格、颜色和数量。

②在备料组领料时，台面人员要点清各种物料的数量。

③在每种物料内都有一个物料标识框，框中有卡，卡随框。最好每一款的材料整套上齐生产。

（2）选料。

①区分每个部位的物料名称与结构、用途。

②逐件挑选，把不良品挑出，如皮面破损、里布烂等应挑出，以免不良品流入下一工序。

（3）刷胶。

①分清楚所生产的物料须用哪种胶水。如：粉胶，用于布底或毛底的粘贴；黄胶，用于 PVC 底的粘贴；强力胶，用于 PVC 与 PVC 底的贴合。

②排位边刷胶水（图 1）。分清楚需刷胶水边位的大小，折边位折 2 分位，刷 3 分～3 分半胶水；折边位折 3 分位，刷 5 分～5 分半胶水。折好边后不能露出胶水。

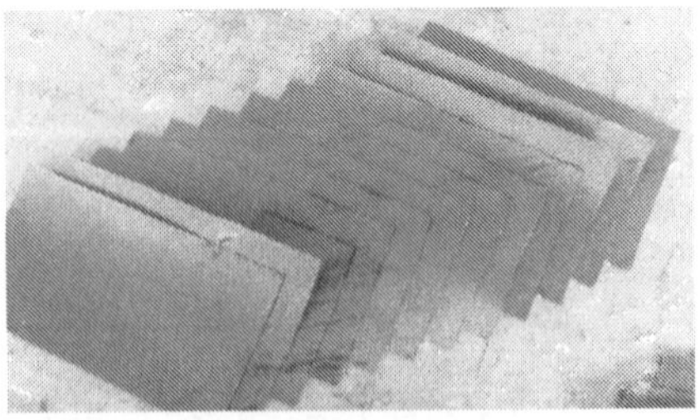

图 1 排位边刷胶水

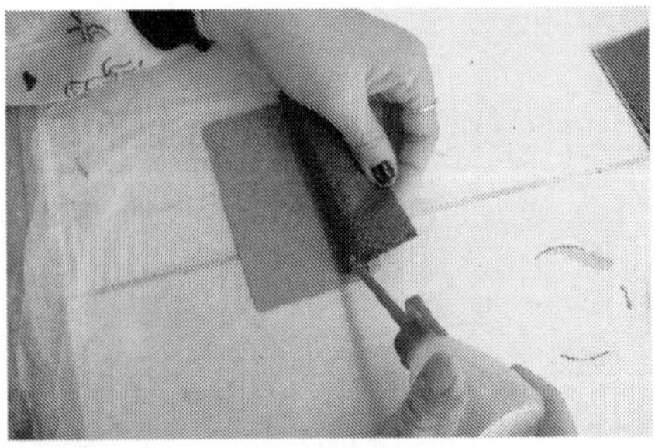

图 2 胶水壶边刷万能胶

③胶水壶边刷万能胶（图 2）。用小胶瓶装好胶水，瓶口不能太大，胶水要离边半分；只刷半分位胶水的，瓶口作特别处理。刷外边的粘贴，胶水都要离边半分，不外

露的刷到边。胶水要均匀、连贯；手势要稳、快、准，用力要均匀。

④铲具边涂白乳胶（图 3）。做银包会用到此种工艺，因为白乳胶不容易渗透物料，而且一涂好白乳胶就可以粘贴，不需要等它干了之后再贴。铲具边涂胶水很薄，非常准确。

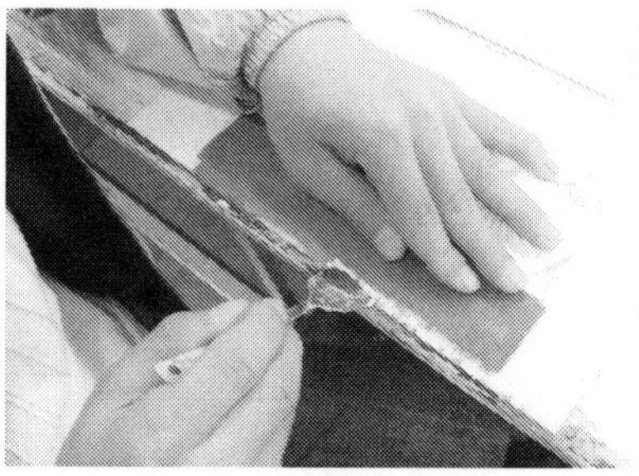

图 3　铲具边涂白乳胶

图 4　全刷胶水

⑤全刷胶水（图 4）。当部件不是外露而又需要全部粘固时，就要采用全刷胶水。把部件底边向外，一件一件在台面上平铺开来，然后整件刷胶水。注意刷胶水时不要留下胶水粒或杂物在上面，刷好胶水的部件表面要平整。布面料刷胶水，台面会留下胶水，一定要等胶水完全干了之后，才可以把第二批物料摆上去，因为布料粘上胶水之后很难清洁。

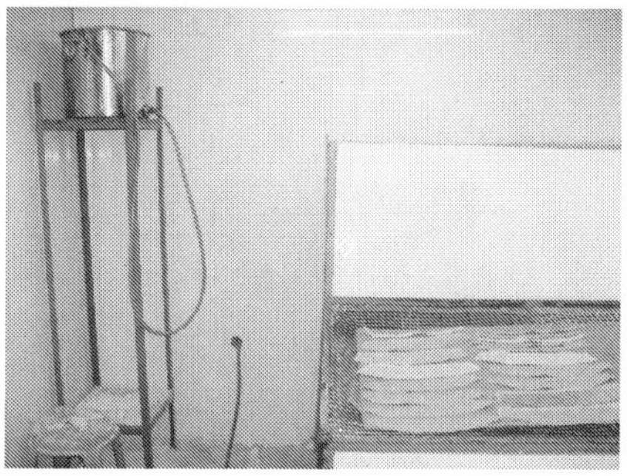

图 5　喷胶

（4）喷胶（图 5）。

整个部件或整块料的底边都需要有胶水时，喷胶是一种最经济、最实用的方法。用喷枪喷胶，部件表面的胶水非常均匀。喷胶一般都采用白胶，要留意白胶会不会渗透到物料里面去。

（5）分骨。

把车反的边位向两边分开叫分骨（图 6）。分骨之后，正面还需要再压线的，尽量不要刷胶水，由车工一边车一边分骨就可以了。如果物料太硬，台面可用铁锤将分骨位敲打贴服，车工就容易车了；如果是车反位分骨后不再压线，这时就需要先在车反的边位刷上胶水之后再分骨。注意分骨位的胶水要刷 3 分半宽，胶水尽量刷薄些，因为真皮与布底的物料使用时间长了，胶水会渗透到物料的表面。

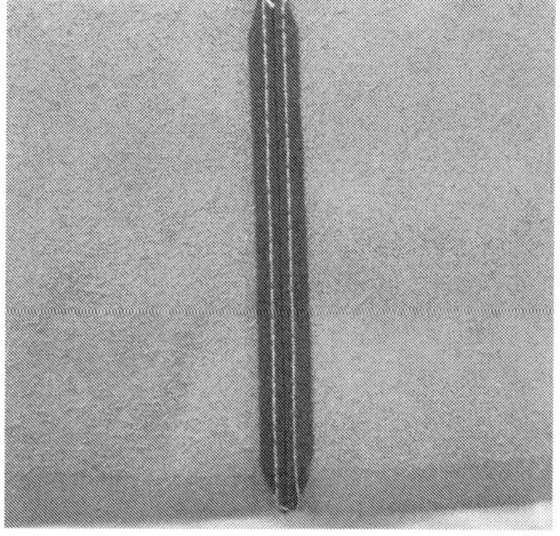

图 6　分骨

（6）贴料（包括贴纸板、贴里布等，见图 7、图 8）。

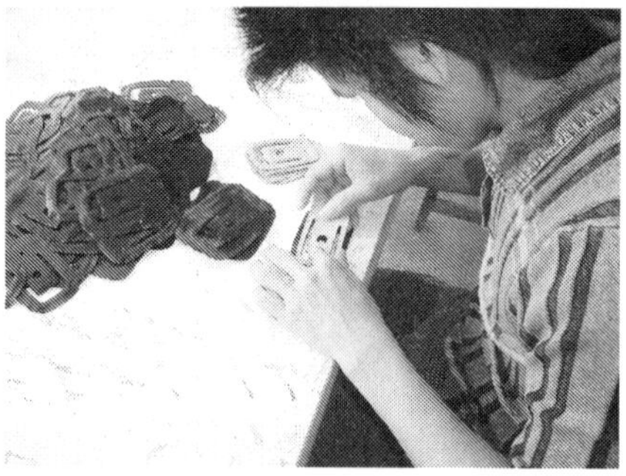

图 7　贴纸板

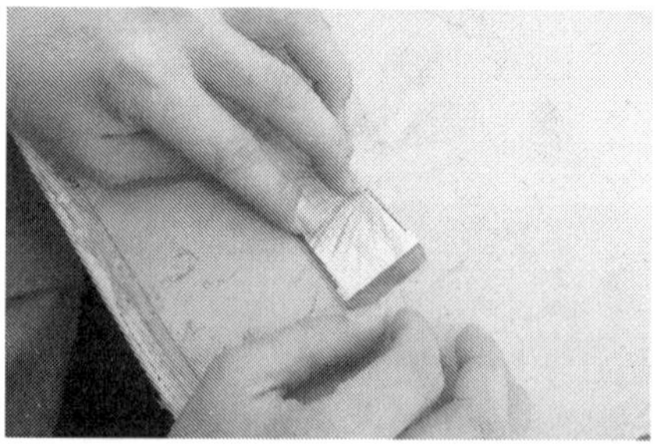

图 8　贴里布

①分清物料的正反面，一般贴料是底与底粘贴。

②在贴的过程中，要对准牙位；贴里布、补强纸时，胶水四边要分中。必要时要画位或做模来定位，然后再贴上。

（7）折边（机折、出筒折、手折）。

①机折边一般为直线边。把机模调到所需折边的宽度后，把料放到位并靠平边，然后快速折过来（图 9）。边要整齐，折边宽度要一致。

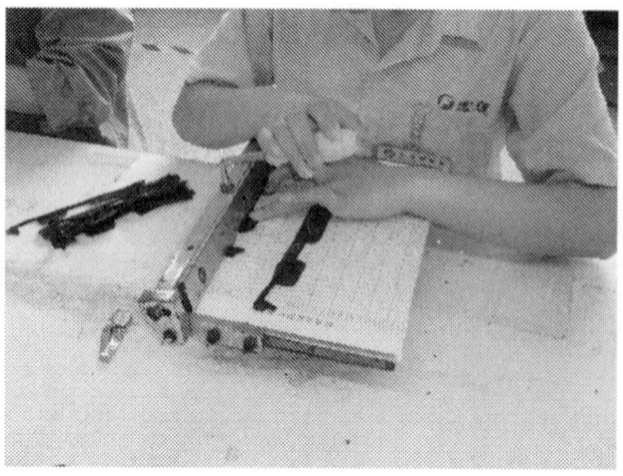

图 9　机折边

图 10　机出筒折边

②出筒折边（图 10）。筒就是机修师傅按照物料的宽度与折好边后的宽度，用铁皮做成的折边工具。出筒折边是提高生产效率的一种方法，生产数量在 500 只以上，而且是对中折边的，一般都会采用出筒折边。出筒折边的特点是速度快、折边均匀。

③手折边时（图 11、图 12），左手按住物料，右手直握推边竹，先用竹边把要折的边顺着里布轻轻地理一下后，再推压；在圆角时要慢而顺地推边，不能出现空边、尖角、大小边等不良现象；细小的部件折边，推边竹用不上，可用锥子勾角（图 13），勾角的折纹要密，这样做出来的角位才圆滑。

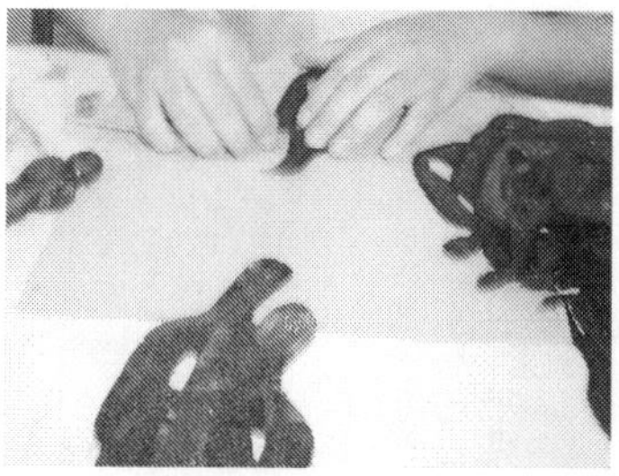

图 11　推竹推边

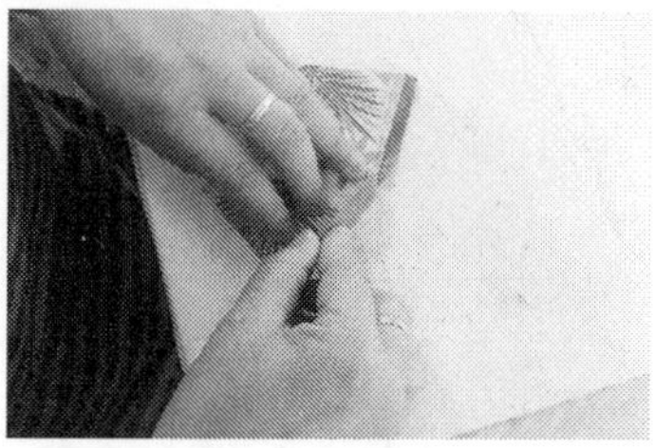

图 12　推竹折边

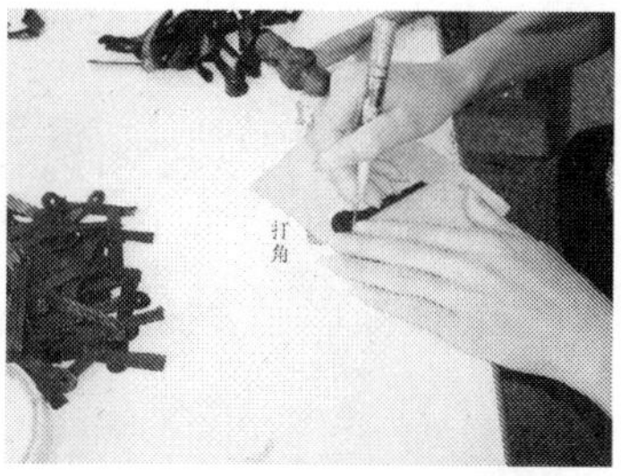

图 13　锥子折圆角

（8）包壳。

包壳（图 14），也就是把前后幅或大身组合成一个袋体后，再用柱车缝制完成的工艺。有条件的厂做木模（图 15）来定位包壳，比较稳固，没条件的也可以用卡纸做一个模型来定位。不是高档袋子，有的厂采用生车，也就是说不用包壳，车工直接照搭位车上去，这就要求车工的技术要精湛。

图 14　包壳

图 15　包壳模

①在包壳模的厚度处贴上与模形状、尺寸一样的白纸，作为取出模后的定型，袋体车好线后，再把白纸撕掉。

②在白纸的边缘涂上万能胶，再把要包壳的大身边缘底边也涂上万能胶，待胶水干透后包上木模。注意大身包壳时要三边或者四边分中来放置，不可一边多、一边少。

③大身包好木模壳后，在搭位处涂上万能胶，把涂有胶水的底围或横头贴在木模壳上，用锤子敲结实，经检查确认没有问题后，取出包壳模，包壳工艺就完成了。

（9）组合。

组合也就是各个细部件之间的粘贴，以及大部件之间的合并（图 16～图 18），比如银包的大面与内格的组合，盖面与盖底的组合，手袋的袋底与前后幅的组合等。部件之间的组合，要注意对准点位或画位来粘贴，特别是三边或四边需要对齐的，眼、手要准，先对齐二边，再对齐另外一边或三边，尽量做到一次成功。粘贴好后检查无问题，才把要组合的部件粘实、粘牢。

图 16　组合—合袋

图 17　组合—套袋口

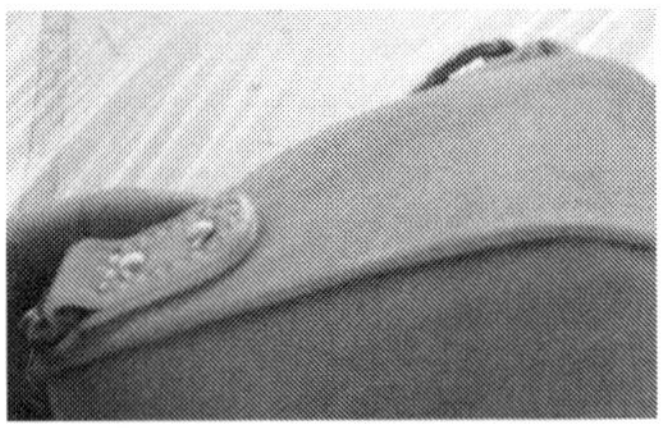
图 18　贴底完成

①检查组合部件物料是否正确。

②搭配好物料颜色、光亮度。

③对好牙位，左右对称、平衡，袋不能歪斜。

④有弯位时要做弯位，边要对平。

（10）修边、剪线。

①把多出部位的线头和物料的边缘剪去、修齐。

②修边时注意修整齐但不能把主体修烂。所有面线要拉到底面剪线。车假线、车里布的线要挨着物料剪线，线头不能超过 2mm。

4. 作业要点及规范

（1）了解制造单所列物料与板的要求，清楚工艺结构。

（2）排线要流畅，人员的配备合理以使作业顺畅，工作快慢要求适当。

（3）折边要直，圆角要圆。

（4）油边要光滑，烫边要平。

（5）线头、胶水要干净，避免后面工序难做。

（6）组长和车间主管要教员工怎么做，让员工明白怎样做才算正确，做时应注意什么问题。随时抽查、检验其做出的产品是否合格。

5. 注意事项

（1）台面上的物料要摆放整齐，款式、工序、类别要分开，按工序从先到后放置。

（2）上胶水不能出边露胶，线头要一道工序一道工序剪干净。

（3）发现不良品及时纠正并挑出。

（4）物料工艺出现问题时，要及时通知并解决。

6. 异常处理

（1）自己做错的物料，立即自己返工。

（2）发现问题应立即停止，解决以后再按要求生产。

5.4 油　边

5.4.1 油边工具与设备

5.4.1.1 工作台、摆放用木条、吊架

工作台的规格是没有固定的，一般规格是长245cm、宽120cm、高85cm左右，最少两个人要有一个工作台。

摆放用木条（图19）的规格也是没有固定的，一般规格是长120cm、宽35cm、高25cm左右，在木条的正中间钉上厚约5mm、长约2.5mm、宽约1.5mm的方形皮贴，或者直径为1.5mm的圆形皮贴。钉皮贴的作用是为了将要油边的部件与木条分隔开来，不让部件油边的边缘接触到木条，从而达到保持部件表面干净的目的。摆放用木条特别适用于小部件的放置。

图19　摆放用木条

图20　吊架

在两条立柱中间用钢线连接起来就成为吊架（图20）。吊架也没有固定的规格，一般规格是长500cm、高170cm左右，在钢线上每间隔5cm左右打个结，吊一个夹子。打结的作用是防止夹子滑动，夹子的作用是用来夹住物料。比较长的物件（如肩带、手挽等）油边后在台面很难摆放，可把油好边的肩带或手挽垂吊在吊架的夹子上，边油会顺势自然向下方滑落，这样边油表面就会很光滑了，而且垂吊的方式既节约空间又不会弄脏物料表面。

5.4.1.2 锥子、砂纸、白布

锥子是手袋与银包很多工艺经常用到的工具。一些细小物件、边缘凹凸形状复杂物件、内部孔位等用油边盒很难完成，这时用锥子油边就能解决问题了。

砂纸的作用是打磨边油表面不平整、不光滑的部分。采用细砂纸，经浸泡过水后再使用，浸泡过水的砂纸干净，打磨不会有灰尘，而且还含有少许水分，这样打磨出来的边油表面光滑。

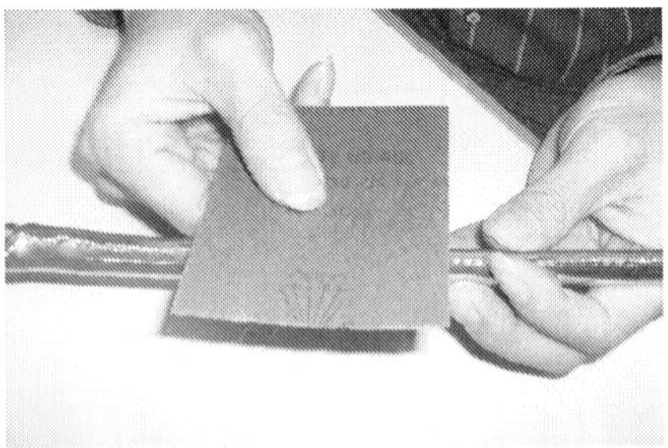

图 21 打砂纸

白布是用来清洁的，当边油弄脏手或物料表面时，要马上用白布清理掉，一旦边油干固或渗入物料之后就很难清理了。

5.4.1.3 烫边机和磨边机

电烙铁是烫边常用的工具，它的作用是烫去物料底边的毛丝。把电烙铁插上电源1～2 分钟，即等烙铁达到一定的温度后方可烫毛边。电烙铁灵活方便，适合烫细小部件、凹凸形状复杂物件、内部孔位等。烫边机也是利用电烙铁的原理设计的，它的优点是可以调节温度，台式，操作稳定，改进了电烙铁需要用手拿的不稳定、不安全问题。

磨边机的作用是把部件的边缘打磨光滑平整。磨边机有普通砂轮、钢砂轮、布轮、皮轮四类。刨边用普通砂轮与钢砂轮来完成，砂轮还有粗砂、细砂之分。

5.4.1.4 边油盒和油边机

边油盒是油边必不可少的工具，有塑料与铁质两种。普遍常用的是塑料盒，它的优点是价格便宜，使用起来轻巧方便；铁质边油盒的优点是稳固，不容易损坏，适合对长肩带或大部件的油边，因为是铁做的，较重但稳固，不容易移动或翻倒。边油盒都有一个辘，辘的表面密布横条形坑纹，坑纹的作用是能吸住边油。现在有很多厂使用电动边油盒，电动边油盒的辘不停地在转动，这样边油就不会凝固在辘的表面了。每天下班前 5 分钟要把边油盒清洗干净，边油盒里有剩余的边油不能倒进未使用过的边油里面，要倒进已使用过的边油瓶里，最好在晚上下班前把盒子里的边油全部用完。

油边机是在边油盒的基础上演变出来的。油边机的优点是速度快、上边油厚薄均匀，适合做比较大数量的生产单。小数量的生产单不适合用油边机，因为油边机损耗边油比较多，清洗比较麻烦，生产成本相对要高些。

5.4.1.5 烘干机

烘干机是利用发热管所产生的热量把温度提高，达到快速烘干边油的目的。烘干机可以调节温度，一般箱内的温度控制在50℃以内。目前所使用的烘干机有两种，分别是输送带式和烤箱式。输送带式烘干机（特别是旋转型输送带式）灵活机动。输送带的速度要缓慢，当油好边的部件从烘干机输送出来时如果还未干透，要循环烘，直到烘干为止；烤箱式烘干机成本要低很多，适合板房与规模不大的厂使用，烤箱内放置的部件要每隔20分钟检查一次，看是否烘干了。

5.4.2 边油与溶剂

边油是化工原料制成的，所有的颜色都是以五个基本颜色调配出来的，这五个基本颜色是：黑、白、红、黄、蓝。红^{50} + 黄^{50} = 橙色、黄 + 蓝 = 绿色、蓝 + 红 = 紫色、黑 + 白 = 灰色，红 + 黄 + 蓝 = 啡色，比基本颜色浅则需 + 白色，比基本颜色深则需 + 黑色，红色与蓝色是强光，与其他颜色边油调色时，份量偏多则色泽鲜艳并带有本身色彩，黄色与白色是弱光，与其他颜色边油调色时，份量偏多则色泽浅淡。

边油干了之后能捏成粉末状，表示该边油质量良好；边油干了之后捏成颗粒状，表示该边油质量差或可能已经过期；边油倒出来之后有异味，表示质量很差，已不能再用了。边油质量的好坏，直接影响油边工艺质量效果。另外还有一种边油，倒出来时是白色的，但干了之后就是透明的，大部分厂称这种边油叫填充剂。填充剂的作用是填补物料边缘上的空隙，减少因物料吸收边油而造成部件边缘的不平整。做高档袋子一般不准用填充剂，因为填充剂在低温（0℃）以下经受不住拉力测试，特别是手挽与肩带，用了填充剂之后经过频繁的使用，会导致边油出现裂口。

边油的溶剂大致有三种：水、酒精、天那水。水是很多小工厂做低档袋时常用的稀释剂，水价格便宜，随时随地都可以取用。它的缺点是，时间长了容易爆口，而且还会致使物料变质，散发出臭味。酒精也是比较常用的稀释剂，但酒精的价格较贵，又挥发得很快，相对来说成本比较高。天那水是一种腐蚀性较强的溶剂，挥发得也很快，还可能对某些物料有化学反应，一般不采用天那水来稀释边油。根据很多厂的经验，边油的稀释剂最好采用度数在50°以上的白酒（例如二锅头、泸州老窖等），因为白酒里面既含有酒精又含有水分，不会变质也不用担心挥发得很快。

5.4.3 油边标准与选料

油边的四大标准：薄、光滑、不爆口、不上面。要做到边油薄，部件边缘必须光滑平整。要做到边油表面光滑，必须要有好质量的边油和正规的操作方法。边油薄质量好就能防止爆口。熟手油边工人可以做到不上面，生手油边工人要做到及时地清洁上了面的边油，一旦上了面的边油干了之后就很难清理了。

区分每个部位的物料名称与结构用途，把相同的部件放在一起，像手挽、肩带、引手、耳仔等受力的部位，散口边胶水的粘贴一定要结实，如果有松脱、爆开的现象要返工。裁床补料的胶水要粘性好，一定要等胶水干透了之后才可以进行补料，补好的料要拿去压机压一遍或几遍才可以进行开料。双补或夹料开的散口部件，边缘要光滑平整，边缘凹凸不平的要及时向裁床提出以便改正。要逐件挑选，把不良品（如皮面破损、托底烂、边缘爆开、物料表面凹凸不平等）挑出，以免不良品流入下一道工序。

5.4.4 油边流程

有三种常规油边流程：

（1）平面部件双补或夹料开散口油边。烫边（去毛丝）或修边（修平）→初油→刨边（用砂轮）→磨边（用皮轮）→烫边（去毛丝）→油边→打砂纸→油边（看边缘情况会再油多一至两次）→擦亮（白布湿酒精抹边）、清洁。

（2）单层料散口油边。烫边（去毛底）→油边→磨边或打砂纸→油边两次→擦亮（白布湿酒精抹边）、清洁。

（3）未修正对碰与组合成品袋后散口油边。刨边（砂轮、组合车线后）→烫边（去毛丝）与修边（修平）→初油→磨边（用皮轮）→烫边（去毛丝）或修边（修平）→油边→打砂纸→油边（看边缘情况会再油多一至两次）→擦亮（白布湿酒精抹边）、清洁（特殊情况需要再油一次亚光油）。手袋或银包组合成成品后，大身散口油边的以及手挽中间部分对碰车线的是此种流程。车线后再刨边，是为了防止因大身胶水粘贴不牢固而导致刨边时边缘散开，还有因为对碰后边缘不平整；刨边后烫边，是因为刨边后中间夹住的毛底或里布会散丝露出来；磨边后烫边，是因为第一次磨边基本上把初油磨完了。当中间夹有里布，边缘还可能不平整时，需要再烫边。

5.4.5 油边作业

1. 作业内容

烫边、油边、磨边、打砂纸、烘干、擦亮、清洁

2. 作业范围及作业工具

（1）作业范围：手工作业。

（2）作业工具：工作台、木条、吊架、锥子、砂纸、白布、电烙铁、磨边机、边油盒、油边机、烘干机、篮筐等。

3. 作业步骤

（1）领取需要油边的部件与边油。

（2）检查部件，挑选出不良品（如物料表面凹凸不平、皮面破损、边缘爆开等），以免不良品流入下一道工序。

（3）区分不同的客户，根据不同客户的要求制订出相关的技术操作要求。

（4）区分不同物料种类，根据不同物料性质采用合适的工艺。如：单层物料是毛底、布底的，要先烫去毛边；是双补或夹料开的，边缘的粘贴要结实，要经过刨边、磨边、打砂纸等工艺处理；白色料、光胶料、浅色料要做好保护措施，以免弄脏。

（5）烫边。把烙铁插上电源1～2分钟，待烙铁达到一定的温度后方可烫毛边。烫大部件与长部件时，将烙铁平放在铁块上，双手拿住部件，把有毛底的边从烙铁上拖过（图21）。烫外露孔位与成品边缘的毛边时，右手拿稳电烙铁，左手拿好部件，用力均匀把毛边烫平（图22）。注意别烫坏面料或烧焦。

图21　烫毛边

图22　烫孔位边

（6）刨边。由两个部件对碰组合而成的，一般都会有高低不平现象，这时就需要先刨边了。硬质且又很厚的边缘采用钢砂轮来刨边（图23）：接通机器电源，让刨边轮转动起来，双手拿稳需要刨边的部件，将部件散口边对准刨边轮正中，用力均匀，从左到右拖过去，一次、两次或三次直到边缘打磨光滑平整为止。刨边要小心，手脚要稳定，手势要自然顺畅，力度适中，不能把物料表面擦伤。如果是对碰组合的部件，刨边后再用烙铁或热吹风（图24）烧干净毛丝。砂轮使用时间长了以后，表面会有一层杂质影响刨边效果，要定期清理砂轮表面的杂质，保证刨边质量。

（7）油边。初油时因物料初次吸油很多，油太稀不起作用，要浓一点，目的是使

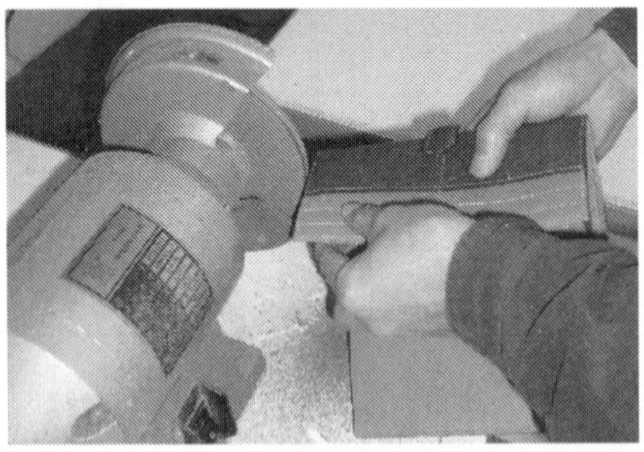

图 23　刨边（砂轮）

图 24　热吹毛边

物料边缘由软变硬，便于下一步磨边工作。低档产品或不受力的部位，初油可用填充剂来油边。分清物料所需用油的种类、颜色，把边油倒入边油盒（图 25、图 26）内，油内孔边应右手拿锥子，左手拿物料，将油涂在物料所需要上油的边上（图 27）。油外口边可将物料直接放在油轮上转动，注意调好油的厚度，可用一条橡皮筋绑在油轮边让油的厚度均匀一致。油边要均匀光滑，皮面上一定不能粘到边油。需执色（图 28）的边要把边油调稀，让皮边着色即可，不用厚油。

图 25　油边（塑料盒）

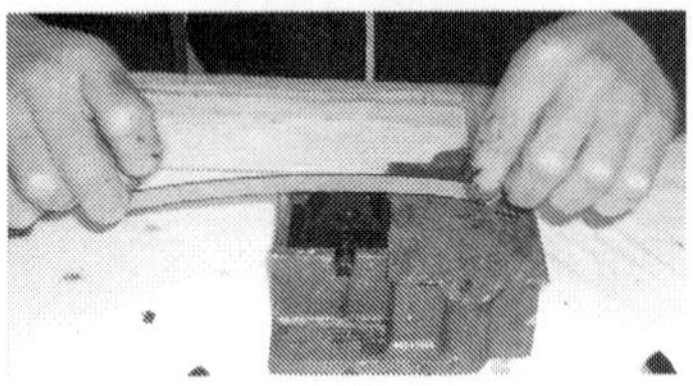

图 26　油边（铁盒）

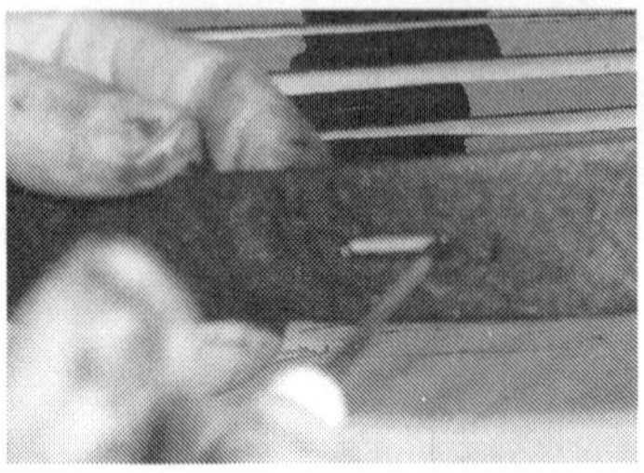

图 27　油孔位边

图 28　执　色

（8）磨边。磨边所用工具是布轮（图 29）与皮轮，当部件油了初油之后，边缘表面会起粒不平整，这时就需要磨边，磨边基本上要把初油磨完，使边缘表面平整光滑。

（9）烘干。潮湿多雨时，边油很难干，可将油好边油的部件整齐摆放在网板上，然后放进烘干机内烘干（图 30）。要控制好温度，定时检查部件是否已烘干。

（10）打砂纸。部件经过磨边，第二次油边干透之后，表面起粒不平整，要用湿水后的 300 号水砂纸来磨平滑（图 31）。打磨时左手拿住物料部件，右手用砂纸来打磨，当部件太长手不方便拿时，可以做一个木模来固定部件，然后再打磨。砂纸打磨不要太用力，只需要把边油表面打磨光滑平整就行了，然后再油第三次边油。

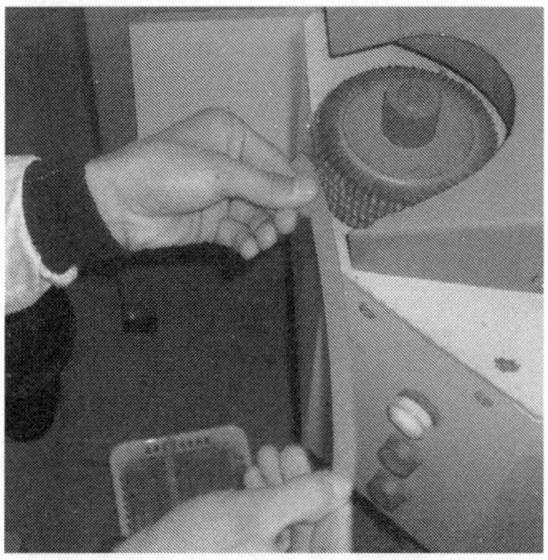

图 29　磨边（布轮）

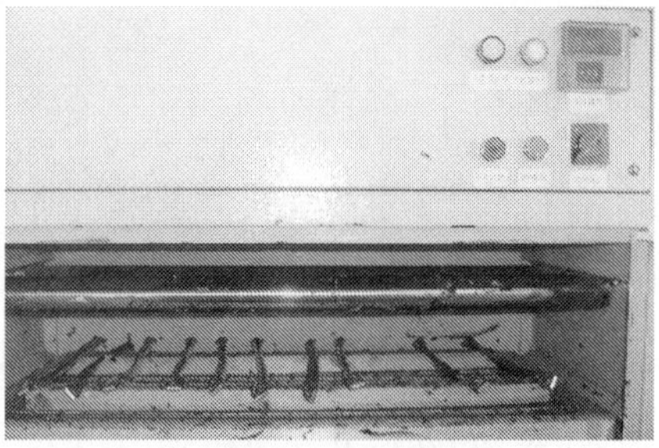

图 30　烘干机

（11）擦亮与清洁。边油最后一次油完干透之后，为了达到光滑效果，用酒精打湿白布擦拭边油表面，注意不要太用力以免擦损已干固的边油。酒精会腐蚀物料表面涂层，小心不要把酒精洒到物料的表面，擦拭的时间也不要太久，见到表面光滑平整就可以了；清洁是油边工艺最后一道工序，把所有油好边的部件彻底清洁，将不良品挑选出来。

图 31　打砂纸

4. 作业要点及规范

（1）符合油边的四大标准：薄、光滑、不爆口、不上面。

（2）组长和车间主管要教员工怎么做，让员工明白怎么做，什么样的才算是正确的，做时应注意什么问题，随时抽查、检验其做出的产品是否合格。

5. 注意事项

（1）台面上的物料部件要摆放整齐，款式、工序、类别要分开，按工序从先到后放置。

（2）磨边与烫边要小心，手、眼要稳定，力度要均匀，手势自然顺畅，不要擦伤或烫伤物料表面。

（3）发现不良品及时挑出并纠正。

（4）物料工艺出现问题时，要及时通知有关部门并解决。

6. 异常处理

（1）自己做错的物料，立即自己返工。

（2）发现问题应立即停止生产，解决以后再按要求生产。

5.5 五　金

5.5.1 五金工艺

5.5.1.1 磁钮

（1）放格打脚位要准确，特别是有盖头、外袋、中格等，上、下有偏差或前、后不对称时，会导致袋子或部件扭曲变形。

（2）磁钮的磁力要强。磁钮面容易花，打时及打后要保护好。

（3）磁钮脚位易打歪，模要放正。磁钮脚打屈时要打紧，不要凸高；如遇脚要剪短时，长度要剪到在底片以内，因剪后的口很锋利，会将原料刮穿，脚位处要贴托底保护。打磁钮位一般用横脚位“(| |)”，特殊情况也会采用直脚位“(=)”。要注意磁钮两脚向中间打紧要非常牢固，不容易脱落，打好后从面料正面看要紧贴，不能有虚位。

（4）打磁钮用力要均匀，用力过大，磁钮母会打裂及失去磁性。磁钮底部要加托底与底片。

5.5.1.2 撞钉

（1）打孔位要准确，首先留意撞钉模具是否适合，撞钉面应完整不变形。用力要适中，钉脚要稳固，不能松动，不能漏打，特别是在很厚的物料上打撞钉，脚长容易变形和不稳固，要多加小心。

（2）中通钉底部打爆时要自检是否爆开，两面看到的爆开口要平滑，如有裂口刮手是不合格的，也容易脱落。

（3）撞钉脚长过物料太多时容易打歪，太短打不紧又容易脱落，如发现有难打的和容易出问题的，要即时提出来。

5.5.1.3 鸡眼

（1）凿孔位要准确，要看物料性质来打鸡眼孔。布料及易烂料鸡眼很容易脱落，凿的孔位要比鸡眼本身的孔位小一些。每次打鸡眼要检查是否变形及会不会脱落。

（2）鸡眼模要适合，打落面不变形，脚爆开时要整齐无缺口，有缺口的，穿索带时会刮烂索带。容易破损的物料打鸡眼不要用力过大，因为打得太紧，鸡眼的边缘会损坏物料。

（3）鸡眼需要穿针扣的，鸡眼本身的孔位比针扣的针粗度要大些。双针扣穿鸡眼的，打孔间的距离要与双针间的距离相等，如果不吻合会出现八字形。

（4）鸡眼底边是装螺丝的，要拧紧，高档袋子还需要先把螺丝粘上胶水再装进去。

5.5.1.4 唛头

（1）唛头就是一个商标，代表一个公司的品牌形象，打孔位置一定要准确，不能歪斜、高低，上下左右距离要对称。注意物料与唛头本身有无质量问题，特别注意分清楚唛头的文字图案，千万不能上下方向搞错。

（2）唛头表面要保护好，不要弄花，粘保护纸时多加留意唛头表面是否容易脱层。唛头的脚位不对称是不合格的，特殊处理时可按唛头现在的脚位尺寸来定位打孔。

5.5.1.5 拧锁、鸭嘴锁

（1）放格凿位要准确，不能有高低位置，是开脚的要注意脚位间的距离是否一致，脚位如果不正会导致锁被打歪；是开孔的，孔位形状一定要与五金孔的形状一样，开孔的尺寸比五金孔的尺寸要稍大一点。

（2）锁面是立体形状的，要垫布保护，不要把锁面打凹。

（3）装螺丝一定要稳固及平滑，不能刮手。锁面容易弄花，一定要保护好。

5.5.1.6 挽手五金

打孔位置要正，挽手不能出现高低情况，前后、左右要对称；是装螺丝的，一定要牢固、平滑，不能刮手，必要时螺丝要粘胶水再装。五金表面要光滑，完整不变形，如果五金表面有包皮或包其他料的，小心不要弄伤物料。挽手是散口油边的，都要入胶套保护，入胶套要贴身，两头要对称。

5.5.1.7 脚钉

（1）模具要适合，打底钉要稳固，表面不变形。

（2）脚钉底部爆开时出现裂口会生锈，开脚的底部会凸起来刮烂里布，因此脚钉打好后底边要用牛皮纸或其他托底粘住保护。

、（3）手袋要经过很多环节才能出成品，在反复运作过程之中，脚钉的表面很容易损伤，因此脚钉的表面一定要贴胶纸或其他东西保护。

5.5.1.8 急钮

（1）急钮的底部都要垫胶介指或托其他物料补强后才可以打上去。

（2）急钮打好后要测试它的功能是否正常，太松容易散开，太紧很难打开。检查急钮本身开关有无问题，底片爆开是否完整，未爆开的脚，急钮很容易脱落或者扣不到位。

5.5.1.9 打孔

（1）肩带尾位置打孔要圆滑，落模时要放正，总长度要准确。针扣圆孔，其大小要根据针的粗度来选择孔凿。

（2）奶嘴钉孔凿有两种形状：物料性质软、比较薄的，用“”形的；物料硬、比较厚的，用“”形的。凿孔的直径，应等于钉圆柱身的直径，最好大于1mm。

（3）打坑位与装饰孔要平衡，不能有斜口。打孔位的胶板表面要平整。注意孔位的底部是否圆滑完整。肩带打孔时注意分清底面线，正确的是由面线向下打孔。

5.5.1.10　拉链

（1）拉链尺寸要跟足资料，剪口要平，每种颜色的数量要准确，不多不少。

（2）穿拉链头要平衡，穿好后链布是平整的。注意铜牙链布打牙及挑牙时不要打烂及弄花链布。剪链布最好用机器热切，热切出来的链布口平整不散丝。

（3）铜牙链布打头尾制尺寸要准确及稳固，头制不能出现八字形，尾制要成水平线。

（4）链布同拉链头要吻合，开关要顺畅；拉链头关上要完全能到尽头，不能有爆开的现象。如发现有异常情况要即时向组长报告解决。

5.5.1.11　织带

织带最好用机器热切，热切出来的织带口平整不散丝。注意天气变化对织带有一定的影响，冬天要将织带解散后放置2～3天，等特性稳定后再热切。

5.5.1.12　摆放

每天的工作台面要保持整洁干净，未用完的五金要保护好，工具要分类放回原处；打好五金的裁片或半成品要摆放整齐，千万不能多件裁片重叠放在一起，因为五金是硬质的，会压伤物料。成品袋一定要挂起来。

5.5.1.13　工具保管

要定期做好机器的保养与五金模具的清洁，每次下班前都要清点工具或其他物件是否齐全，缺少的物件一定要追查出来，找不到的要上报，绝对不可以让物件遗失在成品的手袋里面。

5.5.2　五金范例与五金规格

5.5.2.1　五金范例

1. 标准同组五金范例

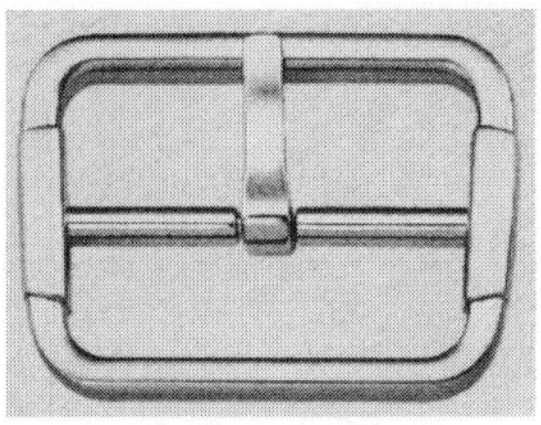
压铸日字针扣

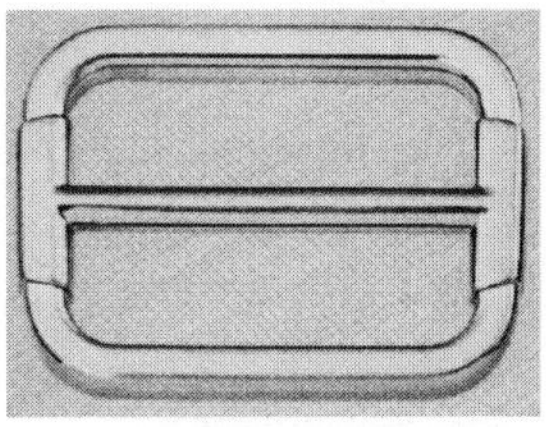
压铸日字扣

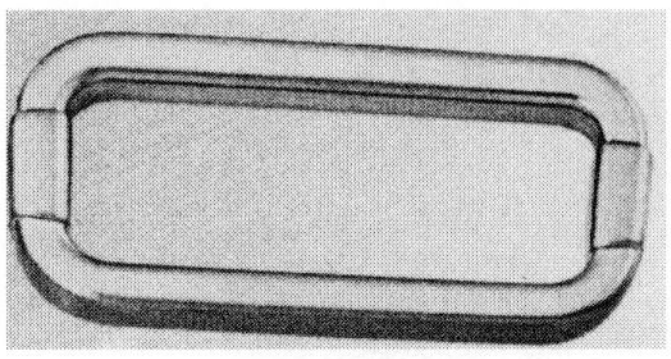
压铸方扣

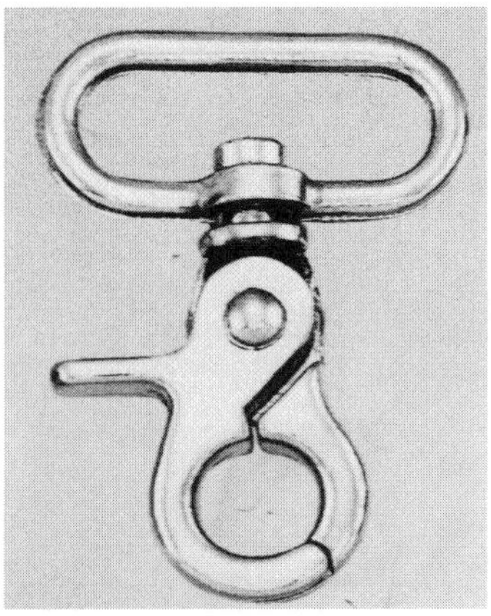
蟹钳扣

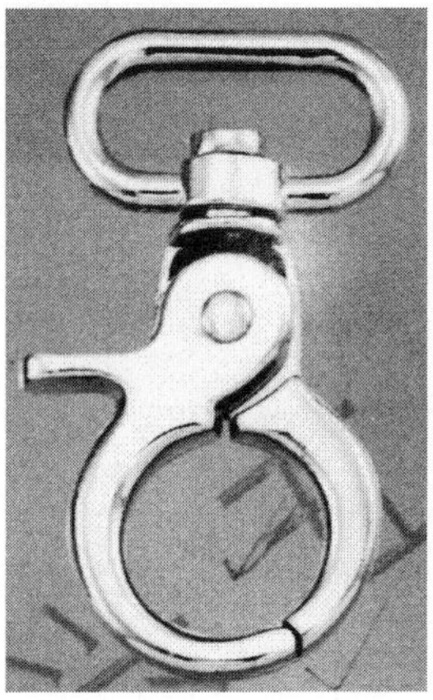
蟹钳扣大嘴

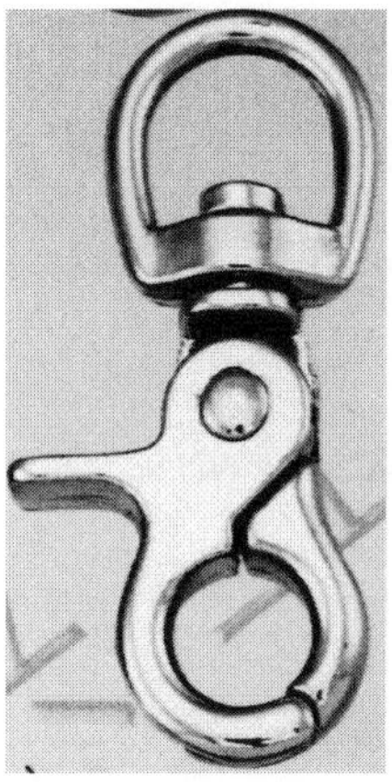
蟹钳扣D形尾

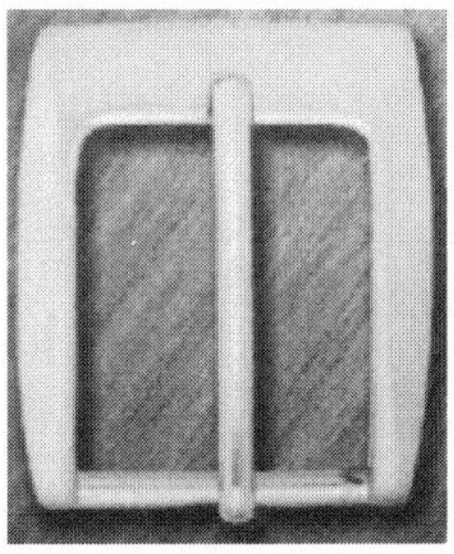
高身针扣

正常针扣

双针扣

压铸圆圈

压铸圆边扣

压铸半圆扣

2. 五金普通常用类型

合金方扣

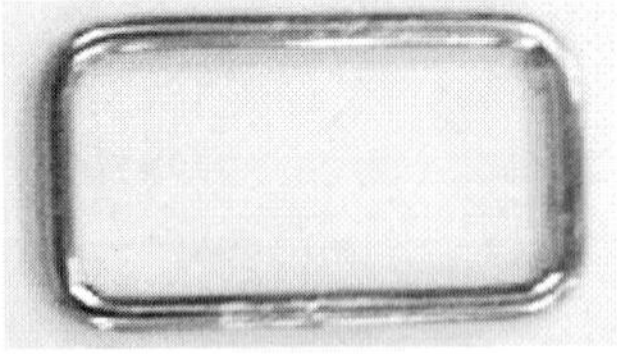
方扣

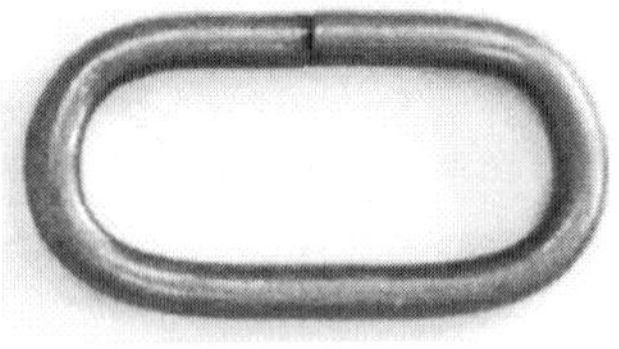
蛋扣

圆圈

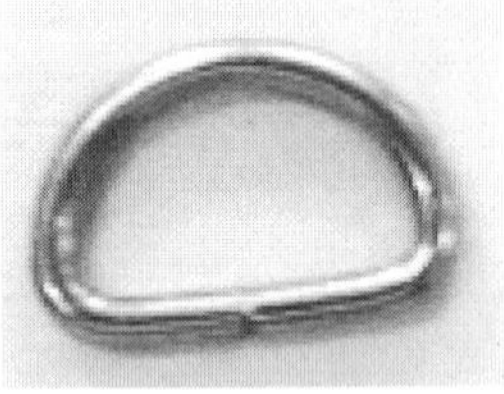
D 扣

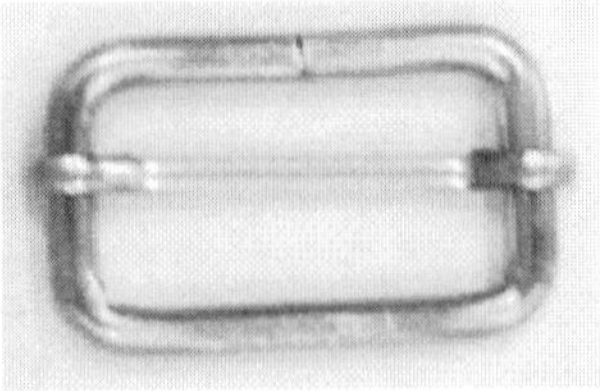
拉芯扣

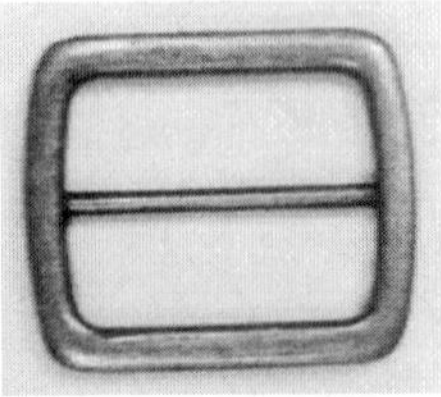
日字扣

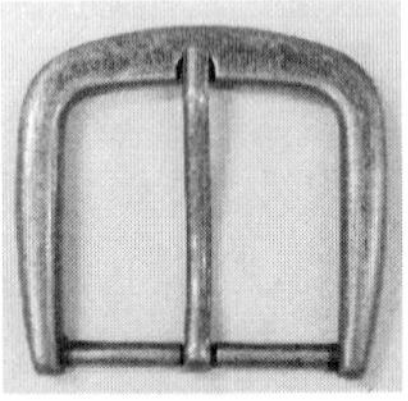
圆头针扣

日字针扣

针镳扣

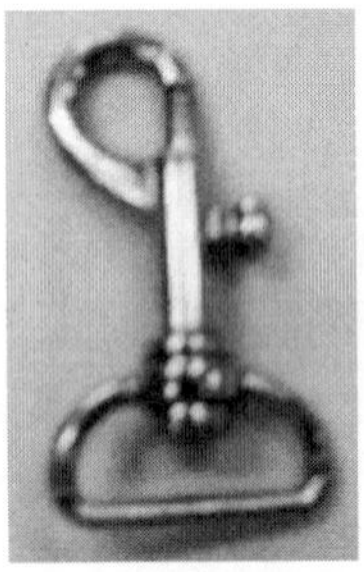
钩扣

蟹钳扣

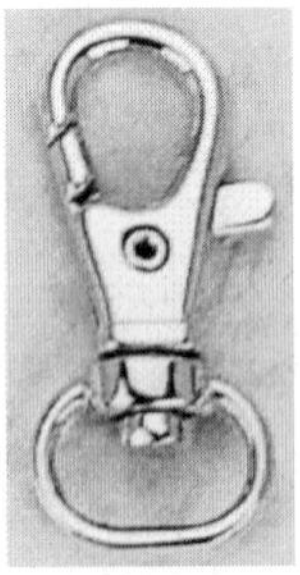
弹弓钩扣

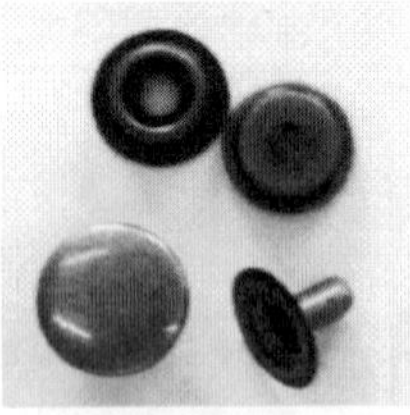
车缝钮

奶嘴钉

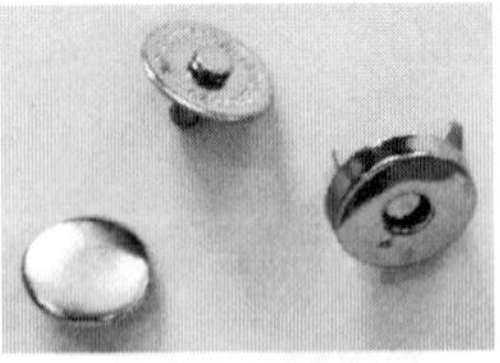
撞钉式磁钮

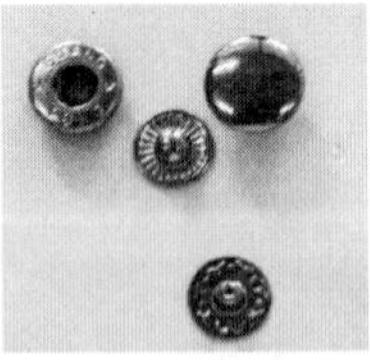
急钮

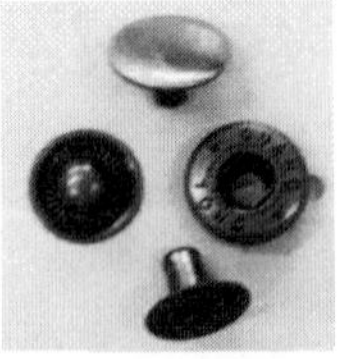
大急钮

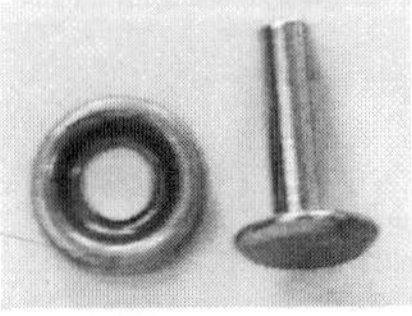
中通钉

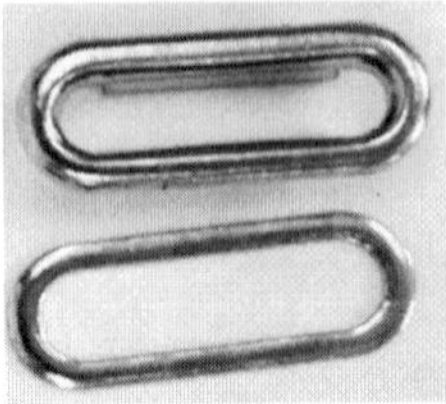
方形鸡眼

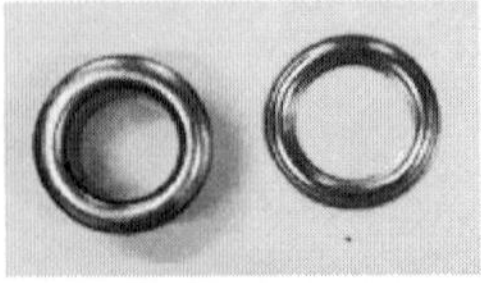
圆鸡眼

蘑菇钉

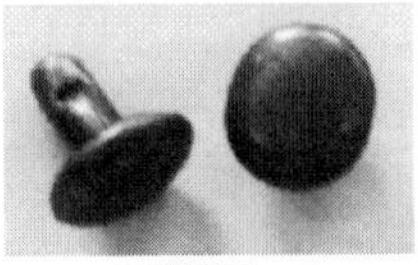
撞钉

5.5.2.2 五金规格与脚长计法

1. 鸡眼

规 格	计 法	规 格	计 法
30#鸡眼脚长6mm	3mm总厚度加3mm脚	28#鸡眼脚长5mm	3mm总厚度加2mm脚
26#鸡眼脚长5mm	3mm总厚度加2mm脚	24#鸡眼脚长5mm	3mm总厚度加2mm脚
22#鸡眼脚长5mm	3mm总厚度加2mm脚	20#鸡眼脚长4mm	2mm总厚度加2mm脚
18#鸡眼脚长4mm	2mm总厚度加2mm脚	4#鸡眼脚长4mm	2mm总厚度加2mm脚

2. 撞钉

规 格	计 法	规 格	计 法
4mm撞钉面脚长5mm	3mm总厚度加2mm	4mm撞钉面脚长6mm	4mm总厚度加2mm
4.5mm撞钉面脚长5mm	3mm总厚度加2mm	6mm撞钉面脚长5mm	2mm总厚度加3mm
6mm撞钉面脚长8mm	5mm总厚度加3mm	6mm撞钉面脚长9mm	6mm总厚度加3mm
6mm撞钉面脚长10mm	7mm总厚度加3mm	7mm撞钉面脚长6mm	3mm总厚度加3mm
7mm撞钉面脚长8mm	5mm总厚度加3mm	7mm撞钉面脚长10mm	7mm总厚度加3mm
7mm撞钉面脚长12mm	9mm总厚度加3mm	9mm撞钉面脚长8mm	5mm总厚度加3mm
9mm撞钉面脚长10mm	7mm总厚度加3mm	9mm撞钉面脚长12mm	9mm总厚度加3mm
12mm撞钉面脚长6mm	2mm总厚度加4mm	12mm撞钉面脚长8mm	4mm总厚度加4mm
12mm撞钉面脚长10mm	6mm总厚度加4mm		

3. 蘑菇钉

规　格	计　法	规　格	计　法
4mm 蘑菇钉面脚长 5mm	3mm 总厚度加 2mm	4mm 蘑菇钉脚长 6mm	4mm 总厚度加 2mm
4.5mm 蘑菇钉面脚长 5mm	3mm 总厚度加 2mm	6mm 蘑菇钉脚长 5mm	2mm 总厚度加 3mm
6mm 蘑菇钉面脚长 8mm	5mm 总厚度加 3mm	7mm 蘑菇钉脚长 6mm	3mm 总厚度加 3mm
7mm 蘑菇钉面脚长 8mm	5mm 总厚度加 3mm	7mm 蘑菇钉脚长 10mm	7mm 总厚度加 3mm
9mm 蘑菇钉面脚长 6mm	2mm 总厚度加 4mm	9mm 蘑菇钉脚长 8mm	4mm 总厚度加 4mm
9mm 蘑菇钉面脚长 10mm	6mm 总厚度加 4mm	9mm 蘑菇钉脚长 12mm	8mm 总厚度加 4mm
12mm 蘑菇钉面脚长 6mm	2mm 总厚度加 4mm	12mm 蘑菇钉脚长 8mm	4mm 总厚度加 4mm
12mm 蘑菇钉面脚长 10mm	6mm 总厚度加 4mm		

4. 急钮

规　格	计　法	规　格	计　法
3#急钮母脚长 3mm	1mm 总厚度加 2mm	3#急钮公脚长 5mm	3mm 总厚度加 2mm
4#急钮母脚长 3mm	1mm 总厚度加 2mm	4#急钮母脚长 4mm	2mm 总厚度加 2mm
4#急钮母脚长 5mm	3mm 总厚度加 2mm	4#急钮母脚长 6mm	4mm 总厚度加 2mm
4#急钮公脚长 6mm	3mm 总厚度加 3mm	8050#急钮母脚长 6mm	4mm 总厚度加 2mm
		8050#急钮公脚长 8mm	5mm 总厚度加 3mm

5. 中通钉

规　　格	计　　法	规　　格	计　　法
10mm 面中通钉脚长 6mm（有底片）	4mm 总厚度加 2mm 无底片厚度加 3mm	10mm 面中通钉脚长 8mm（有底片）	6mm 总厚度加 2mm 无底片厚度加 3mm
10mm 面中通钉脚长 10mm（有底片）	8mm 总厚度加 2mm 无底片厚度加 3mm	10mm 面中通钉脚长 12mm（有底片）	10mm 厚度加 2mm 无底片厚度加 3mm

6. 其他

奶嘴钉脚长有 6mm 与 8mm 两种规格，撞钉式磁钮脚长只有 5mm 一种规格。

5.5.3 打五金作业

1. 作业内容

打五金唛头、撞钉、钮扣、磁扣、鸡眼等。

2. 属用材料、工具

(1) 属用材料：五金物料、补强料。

(2) 工具：打钮机（图 33）、模具、柜台、调机的扳手、工具、冲孔凿、铁锤、凳子、台面、防锈剂、胶板。

图 33　电动打钮机

3. 作业步骤

(1) 领取所需要打的五金与裁片。

(2) 查看五金是否掉漆、变形、锈蚀。

(3) 接通机器电源，空转 5～6 次，检查机器是否正常。

(4) 关闭电源，装上打钮模（上模小、下模大）用六角扳手拧紧，用手轻转皮带轮、脚踩下踏板，上模下降，对准中心点后，根据物料厚薄、钮脚的长度同时调节上、下模距（图 34）。上、下模距要采取先高后低的方法依次调整，不能过低，以免两模相撞而损坏。调好后拧紧螺丝，同样用手转皮带轮空转一两转，看模具是否正常，确认正常后再开机，然后放钮空打一次，用同样厚的废料试机一次，确定松紧度、表面效果和扣合功能。塑胶扣一定要检查内心高度与扣合边不能打伤。任何扣、钮都要同时调两台机打公母扣，测试是否扣合正常、力度是否适中。

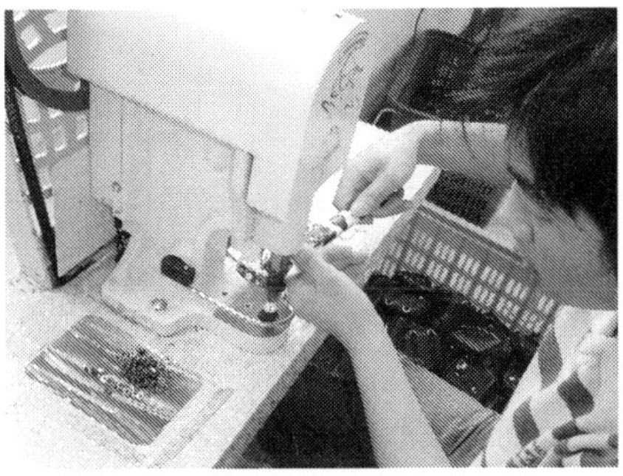

图 34　调模

图 35　打钮

（5）打钮时两手拿物料的边缘（图 35），离模具下降的位置$\frac{1}{8}''$以外。放料时才能把保险压下，不可把保险取掉、粘起或捆住。两手拿料时要平正，并置中，右脚踩踏板，打好钮后松开保险，脚离踏板。

（6）作业结束后，关闭电源开关，彻底清洁机器所有部位并盖好防尘罩。

4. 脚踩机

脚踩机（图 36）是人工用脚踩作动力来进行作业，脚踩机的优点是安全，时间与速度控制可随意发挥，不用电力就能作业，几乎没有什么机器故障；缺点就是速度比较慢，打五金的力度不均匀，难控制打五金力度的一致。脚踩机装模与调模的方式、工艺要求与电动机差不多。

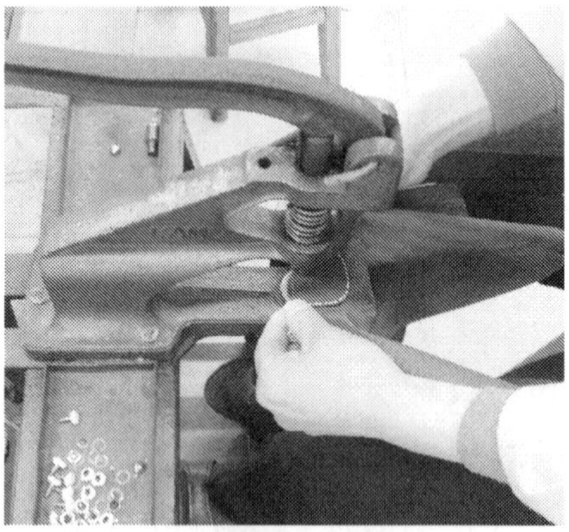
图 36　脚踩机

5. 注意事项

（1）打钮之前一定要检查钮规格等是否正确，并且是良品。

（2）打好之后，要检查是否达到最佳状态，不能松动、过紧或变形等。

（3）薄料与弹性料要加垫片补强，以免脱落或承受力度不够，或钮太紧而容易拉掉。

（4）打钮时严禁与旁人说话，机旁不得堆放杂物。

（5）作业员要不定时检查产品的质量是否良好。

6. 异常处理方法

发现机器、物料、工艺等有问题时应立即报告组长，并停机。

5.5.4　高周波电压作业

1. 作业内容

电压裁片、丝印料、底板等。

2. 属用材料、工具及机器的设备

（1）属用材料：所需电压物料。

（2）工具及机器设备：模具、尺子、辅助纸板、螺丝刀、调机扳手、高周波电压机（图 37）。

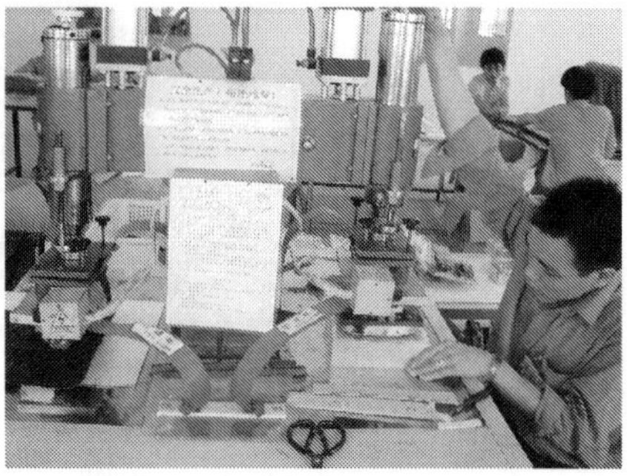
图 37　高周波电压机

3. 作业步骤

（1）打开电源，调适好电压、时间、温度、电流。

（2）装模（图 38）、调机。

（3）试模（图 39），并根据物料厚薄设定时间、温度、电流。试压 3～5 片，经品检确认合格后方可生产。调模、调机采用先轻后重、先慢后快、先小后大一步一步渐进的方法，不能一次过量。

图 38　装模

图 39　调模

（4）开始工作。

（5）作业完成后先关部位开关，再关总机电源，并清洁干净。

4. 作业要点及规范

（1）合闸接通电源，打开仪表盒上的电源开关，调节电压，调节旋钮，使电压表指示为 200V。

（2）将自动控制开关置于关闭位置“OFF”，旋转输出调节钮，使交流输出调节指示为最小。

（3）调模方式：首先把升降高低手轮打松，架上电压模具，然后把 4 个螺丝拧松，右脚踏杆，压下模具与机台板平衡之后，才能把 4 个螺丝拧紧。调节高周波温度需根据料的厚度而定，一般在 10～60℃之间为正常。

（4）在上电极板上需放置 1～5 层绝缘布，再铺 2～3 层塑胶布。

（5）右脚踏下踏板，压下模具，调节手轮，使脚踏杆推到底后，感觉到弹簧压力适中时，把手轮锁紧直至模具与机板紧密接触。

（6）在没有压下电压模时，踏下高周波机开关，阳极电流指示为 0.2A 左右。

（7）在压下模具时踏下高周波机开关，旋转输出调节旋钮，使阳极电流逐渐增大，视模大小确定阳极电流（约 1～3 秒即可将塑胶模熔接好）。可自动控制试操作几次，熔接效果经品检确认合格后，方可投入生产。

（8）电压裁片时，两手拿住裁片放入电压模下，对准牙位（图 40），左脚踩下高周波机踏板，右脚踩下电源开关，等到电压控制时间跳回后方可完成一项作业。电压胶片时，两边机台铺上台布以免刮花。

（9）电压丝印时，用同样的方法进行作业，但一定得对准，使丝印与模具完全吻合方可作业。

（10）物料电压好后，必须摆放整齐，数量清楚、准确。

（11）停机时，首先关闭仪表盒上的电源开关，让电子管冷却5分钟之后才能关掉总开关电源，最后清洁机器使其保持干净。

图40　电压产品

5. 注意事项

（1）电压时必须按照工作指定的方法进行工作。

（2）在工作时，禁止用手碰红色隔电绝缘铜下及模具，防烧伤手。

（3）模具一定要与底板调平，电流不能太大，否则容易烧模。

（4）模具对位要准。

（5）弄清楚具体操作程序后方可进行操作。

（6）不是高周波机操作员不允许上机台操作，以免操作不当发生事故。

（7）在模具升降及加热时，请勿触碰模具及加热板，以免烫伤。

（8）水线铜片要接地。

（9）在调模时，应先关闭高周波机开关，停用加热板，以免烫伤。

（10）高周波机上禁止放液体（如白电油、天那水、开水等），以免流进机器内产生故障。

（11）操作时，切勿上下极接触，以免因短路而损坏元件。熔接时严禁用手接触上电极、导电片和模具，以免烧伤皮肤。

（12）操作时禁止与操作员谈话，机器两边不可站立其他人员，以免旋动转盘时产生危险。

（13）打开电源开关后，电子管需先预热10分钟左右，才能输出高周波。

（14）发热器的调节一般在100～250℃，灯亮后方可进行高周波加热操作。

（15）如果由于灰尘或杂物引起铝质板面烧蚀，应及时将烧蚀面修平整光滑。

6. 异常处理办法

在电压过程中，发现异常时，如对位不准致模具损坏等问题，要即时停止作业，并向上级反映。

6 品质部

品质的好坏代表了一个公司的科学技术水平、生产水平、管理水平、文化水平。品质和每个人（包括作业人员、管理人员和技术人员）息息相关。品质的提高是通过持续改善来达成的，没有高品质，公司的明天就没有竞争和生存的余地。作为品质部的一员要清楚了解工作要求，并使自己所做的每件事情符合要求。品质意识必须植根于所有员工而不仅是品质人员的心中，所有的人都应养成自主检查的习惯，都应掌握品质的保证方法与技术。

6.1 手袋检验工作

6.1.1 目的

此“检验工作”乃规范手袋制程检验与成品检验之工作流程及判定标准，监控生产过程中的质量状况，确保产品质量符合客户要求，不断提升顾客满意度，降低生产成本，提高生产效率。

6.1.2 定义

IPQC：In－Process Quality Control，即制造过程中的质量控制。

FQC：Finish Or Final Quality Control，即最终成品的质量控制。

6.1.3 职责

IPQC 组长：检查及指导下属按要求进行查货，督促生产部及时做首检，以及对巡查过程发现的异常及时处理。

IPQC：根据质量要求对制程工序进行检验，及时反馈质量之异常信息并做好相关记录。

FQC：根据质量要求对成品进行全检，及时反映不良品信息并做好相关记录。

6.1.4 参考文件

手袋检验参考文件包括：生产单、放产会议记录、备料单、首件清单、裁片质量要求、色卡、样板、纸格、包装数据。

6.1.5 程序

1. 首检

（1）裁床首检：对于裁床开料首检部件进行检查，合格之首件套入胶袋中，且在胶袋外贴上合格证标签后以“首件确认卡”形式确认，并由相关人员签名。对首检不合格之裁片应知会其组长进行改善，直至合格后再进行首件检查。

（2）车间首检：根据车间提供的“首件清单”所指定的首检部件进行检查，合格之首件套入胶袋中，且在胶袋外贴上合格证标签后以“首件确认卡”形式确认，并由相关人员签名。对成品的首件依据“生产单”、“放产会议记录”、车间复板等进行首检，并由营业部、IE、生产部主管一起签名确认，为 FQC 做最后的全检提供重要参考。对首检不合格之部件要退回生产线并知会组长，告知不良原因，跟进车间改善结果，合格后再做首检。

（3）包装首检：对包装完成之合格成品参照“包装数据”和客户相关要求与营业员一起共同确认包装方法，并挂上“首件确认卡”进行标识，为包装提供标准样板作参照。

2. 巡检检验

（1）裁床一般巡检工序。

①开料组所开裁片。

②大小铲皮工序和压唛工序。

③粘合部件之工序。

④其他临时规定之工序。

（2）手袋生产制程巡检工序。

①各部件之最后工序。

②五金工序。

③油边的最后一道工序。

④产品需特别留意的其他项目。

（3）巡查方法。

①裁床 IPQC 依据“裁片质量要求”与“生产单”等相关数据，并参照首件对裁片进行检查。

②车间 IPQC 依据“生产单”、“放产会议记录”等相关资料，并参照部件或成品

首件进行巡查。

③在巡查中发现不良品应及时通知生产线组长或主任要求改善，并记录不良原因于“巡查报表”，跟进车间改善结果。

（4）巡查频率。

①裁床 IPQC 每一个小时进行一次巡查，每工位抽查 10～15 件。

②车间 IPQC 每两个小时进行一次巡查，每工位抽查 5～10 件。

（5）巡查记录。

①检查结果须记录于“IPQC 巡查记录表”。

②若出现重大不良情况，或生产部已知悉不良状况但无改善，在此情况下须出示“质量异常处理报告”。

③其他临时规定。

3. 成品检验

（1）手袋生产之成品检验工序。

①FQC 对车间之首件参照“生产单”及相关数据进行复检。

②仔细核对大货与样板并对车间所有成品进行全检。

③其他临时规定。

（2）成品检验方法。

①参照“手袋类检验标准”对产品的清洁、外观、结构、功能、安全等具体项目进行全面检查，确保产品质量符合客户要求。

②对成品依据结构分大身、内里、五金唛头等进行流水检验。

③所检验合格之成品挂上合格挂牌并在“FQC 检查记录表”上登记合格品数量；所查到的有缺陷产品需使用返工挂牌进行标注，需注明具体不良原因并对返工挂牌进行编号，以便对不良品进行统计分析。

（3）成品检验频率。

①对车间送到包装部之成品分款、分色进行全检。

②依据客户要求货期先后按顺序安排检验款项。

（4）全检记录。

①检验结果须记录于“FQC 检查记录表”。

②若出现重大不良情况，或生产部已知悉不良状况但无改善，在此情况下须出示“质量异常处理报告”。

③ 其他临时规定。

4. 检验结果记录

以上 1、2、3 项之检验结果须完整、正确记录于“IPQC 巡查记录表”、“FQC 检查记录表”中，并由 IPQC、FQC 组长审核完毕后交品管部文员统一输入计算机并备份文件。

5. 检验环境

正常日光或40W日光灯。

6. 检验工具

校正合格之卷尺、钢尺、卡表、探针器、剪刀以及白色手套等。

7. 检验标准

手袋类检验标准见下表。

手袋类检验标准

检验类别	检验标准	检验方法/工具	依据/参考资料
开啤裁片	1. 整件裁片尺寸要与纸格相一致	钢尺	纸格
	2. 前后幅/围要配套配色，全套物料不可有阴阳色	目测	样板/色卡
	3. 整件裁片的纹路不能有偏差	目测	样板/色卡
	4. 整件裁片的底面不可调反	目测	样板/色卡
	5. 整件裁片的厚度要与样板一致	钢尺/目测	样板/纸格
	6. 无烂皮、缺角、破损、爆裂、疤痕、深纹等不良现象	目测	样板/工作指引
	7. 里料无抽纱、死结、粗纱、皱痕、折痕等不良现象	目测	样板/工作指引
铲皮/压唛件	1. 铲皮的厚度要与纸格/样板相一致	厚度表	样板/纸格
	2. 不能有漏铲/铲不到位/铲坏/凹凸不平等不良现象	目测	样板/纸格
	3. 压唛清晰度不能与样板有明显的差别	目测	样板
	4. 压唛不可有重影/歪斜	目测	样板
	5. 压唛的尺寸要与样板一致	目测/钢尺	样板/纸格
	6. 压唛的方向不可调反	目测	样板
	7. 压唛的颜色要与样板相符合	目测	样板
贴合件	1. 手挽两侧边刷胶水要到位，不可有偏差	目测	样板
	2. 粘贴的皮面无凸起的胶水粒	目测	样板
	3. 袋底粘贴皮糠纸边位不可有偏差	钢尺/目测	样板
	4. 链贴、内贴皮粘皮糠纸边位不可有偏差	钢尺/目测	样板
	5. 胶水不能上皮面	目测	样板

续上表

检验类别	检 验 标 准	检验方法/工具	依据/参考资料
台面	1. 刷胶水不可有渗透、不到位、外露现象	目测	样板
	2. 直折边不允许有弯曲	目测/钢尺	样板
	3. 定位不可有歪斜/错位	钢尺/目测	样板
	4. 折角不可爆口且不可见底料	钢尺	样板
	5. 曲线折边不可起角	目测	样板
	6. 外包边驳口见光面不允许有不平现象	目测	样板
	7. 横头两边不可高低不一现象	钢尺	样板/纸格
	8. 画位不可有歪斜/错位	目测	样板
	9. 边骨不可凹凸不平或不对称	目测	样板
	10. 无拉链套袋袋口不可有高低不一现象	钢尺	样板
	11. 打角位长度不可有偏差	钢尺	样板
	12. 内前插袋尺寸要与样板相符合	钢尺	样板
	13. 插袋袋口贴合要平	目测	样板/纸格
	14. 手针线要牢固	手拉	—
	15. 打圆角不可有不圆、不对称现象	目测	样板/纸格
	16. 修正要平整	目测	样板
	17. 大面不可有脏污、起皱现象	目测	样板
	18. 纹路及底面不可调反，里布不可高出	钢尺/目测	样板
	19. 压线止口不可有大小不一致现象	钢尺/目测	样板/纸格
	20. 组合件不可有遗漏物料或配件现象	目测	样板
	21. 烧线不可烧坏物料，线头不可过长	目测	—
	22. 定耳仔位不能有偏离，定前后幅手挽要对称	目测/钢尺	样板/纸格
	23. 定唛头位不可有歪斜且不可落反或高低不一	目测	样板/纸格
	24. 上胶要平，不可有凸起现象	目测	样板
	25. 粘拉链不可有起波浪现象	目测	样板
	26. 内里不可有杂物	目测/手摸	—

续上表

检验类别	检验标准	检验方法/工具	依据/参考资料
车位	1. 车线不可以用错线（颜色、规格），车双线之间的宽度要与样板相符合	目测	样板、生产订单
	2. 车线不可以有断线　松线　跳线　抛线　起珠　弯曲　漏车线等	目测	工作指引
	3. 车面线止口宽度要匀称，与样板一致	钢尺	样板
	4. 车线的针距要与要求相符合（1英寸6～8针）	钢尺	生产单
	5. 车唛头不可有高低，车三角线不可有大小	钢尺	样板
	6. 见光面驳口车线不可有错位现象	目测	样板
	7. 重针位不可有乱针，倒针不能有浮线，线头不可刮手	目测	工作指引
	8. 前袋两边不可歪斜或高低不一	钢尺/目测	样板
	9. 车前后幅手挽耳仔不可有高低和不对称现象	钢尺/目测	样板/纸格
	10. 锁线位用手轻拉不可有松脱现象	手拉	样板
	11. 外包边不可过紧致使物料起皱、起波浪或包空	目测	样板
	12. 车线不可有“走位”，车线底面不可调反	目测	样板
	13. 车线不可有明显长短针	目测	样板
	14. 车内中格高低要平行	钢尺	样板
	15. 埋袋不可有起皱、上骨、打折	目测	样板
五金	1. 五金不可有装错、装反现象，不可用错型号	目测	样板
	2. 打五金不允许有破损、爆裂	目测	样板
	3. 不允许有电镀不良、抛光不均匀、退色、表面叻架脱落、色泽不一致现象	目测	样板/生产单
	4. 不允许有螺丝未上胶水、胶水太少、胶水溢出、螺丝松脱现象	手摸	—
	5. 五金上字母要清晰完整，无缺漏或模糊现象	目测	样板
	6. 急钮试拉无不吻合、脱色等不良现象	试拉	—
	7. 五金表面无成片状凹点、斑点	目测	样板
	8. 五金不可有利边、刮手现象	手摸	样板
	9. 五金无氧化、生锈现象，装尾制要正	硝酸测试/盐雾试验	样板
	10. 五金使用功能要正常，无不灵活等不良现象	试用	样板

续上表

检验类别	检验标准	检验方法/工具	依据/参考资料
油边	1. 油边不可有刮手不光滑感，不可用错颜色	目测/手摸	样板
	2. 油边不可有锯齿状且不可上面	目测	样板/生产单
	3. 油边不可有分层，油边不可有光哑	目测	样板/生产单
	4. 油边不可有爆裂现象，不可有厚薄不均匀现象	目测	样板/生产单
	5. 油边不可有过厚起油粒、过薄见料底、厚薄不均匀现象	目测	样板/生产单
	6. 不可有油边遗漏、不到位现象	目测	样板/生产单
	7. 油边未干透不可包装	目测/手摸	包装要求
清洁	整件成品袋之任何部位不可有胶水、脏污、线头、笔迹、小型杂物等清洁不良现象	目测	—
外观	1. 各折边位无起波浪	目测	样板
	2. 成品表面无折痕、起皱、抽纱或损伤	目测	样板
	3. 折角无爆口、起毛团或见底料	目测	样板
	4. 拉链无不畅顺现象	目测	样板
	5. 无拉链套袋之袋口要平齐，不可错位	目测/钢尺	样板
	6. 角位要圆顺，对称	目测	样板/纸格
	7. 组合部件无阴阳色，配色不可有严重色差	目测	样板
	8. 外袋口包边无明显起皱或包空	目测	样板
	9. 重针处要无乱针、锁线松动、不对称	手拉	样板
	10. 无断线、松线、跳针、起珠、弯曲、走位、漏车线等不良现象	目测	样板
	11. 油边颜色要正确，无遗漏、不到位现象	目测	样板
	12. 油边表面光滑，无损伤、分层、爆裂、见底料等不良现象	目测	样板
	13. 五金无损坏、爆裂、退色、脱皮、色泽不一等不良现象	目测/试拉	样板
	14. 字唛要清晰、完整，无模糊、缺漏、走位等不良现象	目测	样板
	15. 五金无氧化、生锈、表面处理错误等不良现象	目测	样板

续上表

检验类别	检验标准	检验方法/工具	依据/参考资料
结构	1. 组合无缺漏部件，整体无歪斜	目测	样板
	2. 前后幅边骨要对称	目测	样板
	3. 前后幅要对称，不可错位	目测	样板
	4. 埋袋四边角位对称，不可歪斜	目测	样板
	5. 手挽长度与样板不可有偏差且不可有不牢固现象	卷尺	样板/纸格
	6. 肩带长度与样板不可有偏差且不可有不牢固现象	卷尺	样板/纸格
	7. 洗水效果要符合规定时间与要求	—	样板/生产单
	8. 主配料与内里用料的搭配要与样板/生产单相符合	目测	样板
	9. 成品外型要完整（内外唛/吊牌/吊饰是否齐全以及有无漏车线等）	目测	样板
	10. 成品内部结构要完整（有无缺内唛、制造唛、说明唛等）	目测	样板
功能	1. 结合、粘合部位匹配要紧密，无错位歪斜或不匹配现象	目测	样板
	2. 五金拉合部位要灵活自如，无阻碍或脱落现象	试拉	样板
	3. 受力位要耐拉力	试拉	样板
安全	1. 成品内不可有刀片、断针、锥子等金属利器和其他任何杂物	目测	样板
	2. 不带辐射性化学物质	—	客户要求
	3. 所用物料含甲醛浓度不可超过客户之特殊规定	—	客户要求

6.2 银包检验工作

6.2.1 目的

此“检验工作指引”乃规范银包制程检验与成品检验之工作流程及判定标准，监控生产过程中的质量状况，确保产品质量符合客户要求，不断提升顾客满意度，降低生产成本，提高生产效率。

6.2.2 定义

IPQC：In－Process Quality Control，即制造过程中的质量控制。

FQC：Finish Or Final Quality Control，即最终成品的质量控制。

6.2.3 职责

IPQC 组长：检查及指导下属按要求进行查货，督促生产部及时做首检，以及巡查过程异常，以便及时作出处理。

IPQC：根据质量要求对制程工序检验，及时反馈质量异常信息并做好相关记录。

FQC：根据质量要求对成品进行全检，及时反映不良品信息并做好相关记录。

6.2.4 参考文件

银包检验参考文件包括：生产单、放产会议记录、备料单、首件清单、裁片质量要求、色卡、袋板、纸格、包装数据。

6.2.5 程序

1. 首检

(1) 裁床首检：对于裁床开料的首检部件进行检查，合格之首件套入胶袋中，且在胶袋外贴上合格证标签后以“首件确认卡”形式确认，并由相关人员签名。对首检不合格之裁片知会其组长进行改善，直至合格后再进行首件检查。

(2) 车间首检：根据车间提供的“首件清单”所指定的首检部件进行检查，合格之首件套入胶袋中，且在胶袋外贴上合格证标签后以“首件确认卡”形式确认，并由相关人员签名。对成品的首件依据生产单、放产会议记录、车间复板等进行首检，并由营业、IE、生产部主管一起签名确认。为 FQC 做最后的全检提供重要参考。对首检不合格之部件退回生产线，并告知组长不良原因，跟进改善结果，合格后再做首检。

(3) 包装首检：对包装完成之合格成品参照“包装数据”和客户相关要求与营业部一起共同确认包装方法，并挂上首件确认卡进行标识，为包装提供标准样板作参照。

2. 巡检检验

(1) 裁床一般巡检工序。

①开料组所开裁片。

②大小铲皮工序和压唛工序。

③粘合部件之工序。

④其他临时规定之工序。

（2）银包生产制程巡检工序。

①大面折边打角工序。

②信用卡、信封袋车线工序。

③贴仔压线工序。

④装打五金工序。

⑤产品需特别留意项目。

（3）巡查方法。

①裁床 IPQC 依据“裁片质量要求”与“生产单”等相关数据，并参照首件对裁片进行检查。

②车间 IPQC 依据“生产单”、“放产会议记录”等相关资料，并参照部件或成品首件进行巡查。

③在巡查中发现不良品应及时通知生产线组长或主任要求改善，并记录不良原因于巡查报表中，跟进车间改善结果。

（4）巡查频率。

①裁床 IPQC 每一个小时进行一次巡查，每工位抽查 10～15 件。

②车间 IPQC 每两个小时进行一次巡查，每工位抽查 5～10 件。

（5）巡查记录。

①检验结果必须记录于“IPQC 巡查记录表”。

②若出现重大不良情况，或生产部已知悉不良状况但无改善，在此情况下须出示“质量异常处理报告”。

③其他临时规定。

3. 成品检验

（1）银包生产之成品检验工序。

①FQC 对车间之首件参照“生产单”及相关数据进行复检。

②仔细核对大货与样板并对车间所有成品进行全检。

③其他临时规定。

（2）成品检验方法。

①参照“银包类检验标准”对产品的清洁、外观、结构、功能、安全等具体项目进行全面检查，确保产品质量符合客户要求。

②对于成品，依据结构分大身、内里、五金唛头等进行流水检验。

③所检验合格之成品挂上合格挂牌并在全检记录表上登记合格品数量；所查到的有缺陷产品使用返工挂牌方式进行标注，需注明具体不良原因并对返工挂牌进行编号以便对不良品进行统计分析。

（3）成品检验频率。

①对车间送到包装部之成品分款分色进行全检。

②依据客户要求货期的先后顺序安排检验款项。

(4) 全检记录。

①检验结果必须记录于“FQC检查记录表”。

②若出现重大不良品情况，或生产部已知悉不良品状况但无改善，在此情况下需出示“质量异常处理报告”。

③其他临时规定。

4. 检验结果记录

以上1、2、3之检验结果须完整、正确记录于“IPQC巡查记录表”、“FQC检查记录表”中，并由IPQC、FQC组长审核完毕后交品管部文员统一输入计算机并备份文件。

5. 检验环境

正常日光或40W日光灯。

6. 检验工具

校正合格之卷尺、钢尺、卡表、探针器、剪刀以及白色手套等。

7. 检验标准

银包类检验标准见下表。

银包类检验标准

检验类别	检验标准	检验方法/工具	依据/参考资料
开啤裁片	1. 整件裁片尺寸与纸格相一致	钢尺	纸格
	2. 前后幅/围要配套配色，全套物料不可有阴阳色	钢尺/目测	样板
	3. 整件裁片的纹路不能有偏差	目测	样板
	4. 整件裁片的底面不可调反	目测	样板
	5. 整件裁片的厚度要与样板一致	钢尺/目测	样板/纸格
	6. 皮面无烂皮、缺角、刀伤、破损、爆裂、疤痕、深纹等不良现象	目测	样板/工作指引
	7. 里料无抽纱、死结、粗纱、皱痕、折痕等不良现象	目测	样板
铲皮/压唛件	1. 铲皮的厚度要与纸格/样板相一致	厚度表/目测	样板/纸格
	2. 不能有漏铲、铲不到位、铲坏、凹凸不平等不良现象	目测	样板
	3. 压唛清晰度不能与样板有明显的差别	目测	样板
	4. 压唛不可有重影、歪斜	目测	样板
	5. 压唛的尺寸要与样板一致	钢尺/目测	样板/纸格
	6. 压唛的方向不可调反	目测	样板
	7. 压唛的颜色要与样板相符合	目测	样板

续上表

检验类别	检验标准	检验方法/工具	依据/参考资料
贴合件	1. 手挽两侧边刷胶水要到位，不可有偏差	目测	样板
	2. 粘贴的皮面无凸起的胶水粒	目测	样板
	3. 袋底粘贴皮糠纸边位不可有偏差	目测	样板
	4. 链贴、内贴皮粘皮糠纸边位不可有偏差	目测	样板
	5. 胶水不能上皮面	目测	样板
台面	1. 折边不可有弯曲，不可有大小不一	目测/钢尺	样板/纸格
	2. 较位不可有歪斜	目测	样板
	3. 折角不可爆口，折边要粘牢不可有松开现象	目测	样板
	4. 折边的宽度要与样板纸格相一致	钢尺	样板/纸格
	5. 压线不可有脱色、压坏、颜色深浅不一等现象	目测	样板
	6. 粘拉链不可起波浪，落拉链不可有大小	目测	样板
	7. 碰边要齐，卡贴袋不能有高低不平	钢尺/目测	样板
	8. 画位不可有歪斜或错位	目测	样板
	9. 前后大身不可调反，纹路不可调反	目测	样板
	10. 大面不可起皱，不可有脏污	目测	—
	11. 用料不可有抽纱、粗纱	目测	样板
	12. 压唛不可有不清晰现象，不能有脱色	目测	样板
	13. 盖头要正，不可有歪斜	钢尺/目测	样板
	14. 拉链不可调反方向，拉链长短（实长）不可有偏差	钢尺/目测	样板
	15. 唛头不可放反	目测	样板

续上表

检验类别	检验标准	检验方法/工具	依据/参考资料
台面	16. 内插袋不能有起皱	目测	样板
	17. 修正要平整	目测	样板
	18. 装饰贴不可有大小不一现象	钢尺/目测	样板
	19. 胶片不能有花痕	目测	样板
	20. 压线止口不可有大小不一现象	钢尺/目测	样板
	21. 用料不可有破损现象	目测	大安质量要求
	22. 烧线不可烧坏物料，线头不可过长	目测	样板
车位	1. 车线不可以用错线（颜色、规格），车装饰线宽度要与样板相符合	目测	样板/生产单
	2. 车线不可以有断线、松线、跳线、抛线、起珠、弯曲、漏车线等现象	目测	样板
	3. 车面线止口宽度要匀称，与样板一致	钢尺	样板/纸格
	4. 车线的针距要与要求相符合（1英寸7～9针）	钢尺	样板
	5. 车唛头不可有高低位现象	钢尺	样板/纸格
	6. 内里车暗线不用配色线	目测	生产单/色卡
	7. 重针位不可有乱针，倒针不能有浮线，线头不可刮手	目测	样板
	8. 装前笔袋两边不可歪斜或高低不一	钢尺/目测	样板
	9. 车耳仔不可有高低和不对称	钢尺/目测	样板
	10. 锁线位用手轻拉不可有松脱现象	手拉	样板
	11. 内风琴格上下端车线翻针不可有松脱、不牢固现象	目测/手拉	样板
	12. 车线不可有走位，车线底、面不可调反	目测	样板
	13. 车线不可有明显长短针	目测	样板
	14. 车内中格高低要平行	钢尺	样板
	15. 大身表面不可有起皱、上骨、打折	目测/钢尺	样板

续上表

检验类别	检 验 标 准	检验方法/工具	依据/参考资料
五金	1. 五金不可有装错、装反现象，不可用错型号	目测	样板
	2. 打五金不允许有破损、爆裂	目测	样板
	3. 不可有电镀不良、抛光不均匀、退色、叻架脱落现象	目测	样板
	4. 不允许有螺丝未上胶水、胶水太少、胶水溢出、螺丝松脱现象	目测	—
	5. 五金上字母要清晰且完整无缺，避免模糊现象	目测	样板
	6. 急钮试拉无不吻合、脱色等不良现象	试拉/目测	样板
	7. 五金较位不可有歪斜现象	目测	样板
	8. 鸡眼等不可有利边、刮手现象	手摸	样板
	9. 五金无氧化、生锈现象，装尾制要正	硝酸测试/盐雾试验	样板
	10. 五金使用功能要正常，无不灵活等不良现象	试用	样板
油边	1. 油边不可有刮手不光滑，不可用错颜色	手摸	样板
	2. 油边处不可有锯齿状且不可上面	目测/手摸	样板
	3. 油边不可有分层，不可有光哑	目测	样板
	4. 油边不可有爆裂现象，不可有厚薄不均匀现象	目测	样板
	5. 油边不可过厚起油粒、过薄见料底、厚薄不均匀现象	目测	样板
	6. 不可有油边遗漏、不到位现象	目测	样板
	7. 油边未干透不可包装	—	样板
清洁	整件成品任何部位不可有胶水、脏污、线头、笔迹、小型杂物等不良现象	目测	样板
外观	1. 各折边位无起波浪现象	目测	样板
	2. 成品表面无折痕、起皱、抽纱或损伤现象	目测	样板
	3. 折角无爆口起毛团或见底料现象	目测	样板
	4. 拉链无不畅顺现象	目测	样板
	5. 拉链口要平齐，不可错位	目测	样板
	6. 角位要圆顺，对称	目测	样板
	7. 组合部件无阴阳色，配色不可有严重色差	目测	样板
	8. 外袋口包边无明显起皱或包空现象	目测	样板
	9. 重针处无乱针现象，锁线无松动或不对称现象	目测	样板

续上表

检验类别	检验标准	检验方法/工具	依据/参考资料
外观	10. 无断线、松线、跳针、起珠、弯曲、走位、漏车线等不良现象	目测	样板
	11. 油边颜色要正确，无遗漏、不到位现象	目测	样板
	12. 油边表面光滑，无损伤、分层、爆裂、见底料等不良现象	目测	样板
	13. 五金无损坏、爆裂、退色、脱皮、色泽不一等不良现象	目测	样板
	14. 字唛要清晰、完整，无模糊、缺漏、走位等不良现象	目测	样板
	15. 五金无氧化、生锈、表面处理错误等不良现象	目测	样板
结构	1. 组合无缺漏部件，整件无歪斜现象	目测	样板
	2. 外边骨要对称、圆顺	目测	样板
	3. 左右耳仔、介指要对称，无歪斜	目测	样板
	4. 五金装饰钉等要牢固，位置要准确	目测	样板
	5. 不可遗漏装饰唛等挂饰	目测	样板
功能	1. 结合、粘合部位匹配要紧密，无错位、歪斜或不匹配现象	目测	样板
	2. 五金拉合部位要灵活自如，无阻碍或脱落现象	手拉	样板
安全	1. 成品内不可有刀片、断针、锥子等金属利器和其他杂物	探针器	样板
	2. 不带辐射性化学物质	—	客户要求
	3. 所用物料含甲醛浓度不可超过客户之特殊规定	—	客户要求

6.3 IQC来料检验工作

6.3.1 目的

此“来料检验工作”乃规范来料质量检验依据，减少误检、漏检现象。提高检验标准正确性，为车间生产提供优良之原材料，降低生产成本。

6.3.2 定义

（1）IQC：In－Coming Quality Control，即来料质量控制。

（2）致命缺陷：导致危及产品功能、外观、寿命或造成非安全状态的缺陷。

（3）严重缺陷：不构成致命缺陷，但可能导致功能失误或降低原有使用功能，导致间歇性不良。

（4）轻微缺陷：对产品的使用功能没有影响或只有轻微影响的缺陷。

6.3.3 职责

IQC组长：指导、监督来料检验工作的正确性与及时性，及时处理质量异常和向上级反映来料之异常状况，并提供相关原始数据。

品管员：根据客户质量要求对来料进行检验，记录来料检验结果。

6.3.4 参考文件

“生产单”、物料清单”、“备料单”、“色卡”以及其他参考文件。

6.3.5 程序

（1）对于皮、料、里、五金（D扣、针扣、拧制、锁扣等）、拉链、线类进行全检。

（2）五金类（撞钉、蘑菇钉、鸡眼等）要求测试的项目按照20%～30%比例进行抽检。

（3）对织带、杂料、纸品等来料项目进行抽检和质量判定。

（4）检验结果记录于“IQC来料检验报告”，审核后交由品管文员输入计算机，并备份文件交相关部门。

（5）检验环境。

正常日光或40W光灯。

(6) 检验工具。

校正合格之卷尺、钢尺、剪刀、卡表、天平、电子秤、打码机以及白色手套等。

(7) 来料检验规则。

来料检验规则见下表。

来料检验规则一览表

序号	物料类别	检验项目	检验工具	检验手法	检验要求
1	五金（D 扣等）	颜色、光泽，外观，电镀、批锋	目测	全检	颜色外观是否与样板符合，电镀是否良好：铁制品是否有封油；有无明显色差、光哑、脱色、氧化、花痕、沙眼；五金字唛是否清晰、完整
		材质	磁铁、目测		测试材质是铜制或铁制，有无脱皮、脱叻架、起泡等不良现象
		规格、尺寸	钢尺		测量其尺寸是否与样板符合，尺寸偏差不能大于或小于 0.5mm（一般需实际组装或试打以确定尺寸）
		数量	电子秤		以一定数量为标准测重，后以此数量入胶袋
		功能	线卡		测试五金扣具与相应的链条相匹配：是否组装良好、使用灵活、开启自如，扣位、紧合位是否牢固
		防热、防酸	对应的皮、料、里		包裹 2～5 天测试是否易生锈（以三天为期限）或用盐雾机测试
2	五金（撞钉/蘑菇钉类）	颜色、光泽，外观，电镀	目测	抽检	颜色外观是否与样板符合，是否有起泡、花痕：有无明显色差、光哑、脱色、氧化、花痕、沙眼，五金字唛是否不清晰、完整
		材质	磁铁、目测		测试材质是铜制或铁制，检查有无脱皮、脱叻架、起泡等不良现象
		规格、尺寸	钢尺		测量其规格、尺寸是否与样板相符合，尺寸偏差不能大于或小于 1mm（一般需实际组装或试打以确定尺寸）
		数量	电子秤		以一定数量为标准测重，后以此数量入胶袋
		功能	手工（试打）		测试来料脚长是否影响生产（板房会在车间生产大货一周内试打一个袋）
		防热、防酸	对应的皮、料、里		测试材质是铜制或铁制，检查其有无脱皮、脱叻架、起泡等不良现象

续上表

序号	物料类别	检验项目	检验工具	检验手法	检验要求
3	拉链（链布）	颜色、光泽，表面、纹路	目测	全检	颜色、表面、纹路是否与样板符合，有无掉牙、抽纱、污渍等不良情况
		材质	磁铁		测试材质是铜制或铁制（指链牙）
		规格、尺寸	对应之链头、钢尺		看其是否与样板符合，是否与链头相匹配
		数量	钢尺、手工		看是否足够送货单之数量
4	拉链（链头）	颜色、光泽，表面、纹路	目测	全检	颜色、表面、纹路是否与样板符合
		材质	磁铁		测试材质是铜制或铁制
		规格、尺寸	钢尺、对应之链布		是否与样板相符合，是否与链布相匹配
		数量	天平		是否足够送货单之数量
5	纸牌/织唛类	颜色、光泽，材质	目测	全检	与样板核对是否相符，有无花痕，字母是否清晰、正确（有无错位或歪斜等）
		数量	手工		是否足够送货之数量
		规格、尺寸	钢尺、复贴测试		尺寸（长、宽）是否与样板相符合，魔术贴尺寸与色卡尺寸偏差应小于 1 mm，有无粘合不紧或粘贴后掉绒现象
6	皮（真皮类）	颜色、光泽，材质、手感，表面、纹路	目测、手工	全检	颜色纹路手感等与样板是否符合：有无阴阳色、光哑色，手感软硬度、粗糙度与样板有无差异，纹路与样板有无差异，折痕是否太明显，表面有无伤痕、沙眼、黑点、杂点等不良
		拉力、手折	手工		是否易破损、折伤（对折四次后看皮面有无裂面现象）
		厚度	厚度仪		是否与样板相符合，是否符合备料单要求
		摩擦测试	白布、清水		不能脱色（手法为轻擦）
		数量	卷尺		是否足够送货单之数量

续上表

序号	物料类别	检验项目	检验工具	检验手法	检验要求
7	料（PVC/PU/光胶料类）	颜色、光泽，材质、手感，表面、纹路	目测	全检	颜色、纹路、手感等与样板是否符合，检查其有无污点、伤痕
		拉力、手折	手工		是否易破损、折伤，检查底面料结合有无出现脱层
		摩擦测试	白布、清水		是否会脱色（手法为轻擦）
		数量	打码机		是否足够送货单之数量
		厚度	厚度仪		是否与样板符合
8	里（棉纹布类）	颜色、光泽，材质、手感，表面、纹路	目测、手工	全检	颜色、纹路、手感等与样板是否符合，检查纹路是否歪斜，是否影响开料效果。有无杂纱、粗纱、结头、抽纱、起球等。印花、字样有无重叠或不完整现象
		拉力、手折	手工		是否易破损、折伤
		摩擦测试	白布、清水		是否会脱色（手法为轻擦）
		数量	打码机		是否足够送货单之数量
		厚度	厚度仪		是否与样板符合
9	边油	颜色、光泽	目测	全检	拌均匀晾干后，看与样板或生产单要求是否一致
		拉力	手工（试拉）		试拉后看涂边油之材料是否易爆裂
		味道	嗅觉		是否有刺激性气味，是否含有违规之有害物质
		重量	磅秤		是否足够送货单之重量
10	线类	颜色、光泽，表面、纹路，材质，型号、粗细	目测	全检	与样板是否符合，由客供上料的，由业务员与客户共同确认，检查样板表面是否干净无污渍，有无阴阳色
		拉力	手工（试打）		来料（线）是否易断开
		数量	手工（点数）		是否足够送货单之数量

续上表

序号	物料类别	检验项目	检验工具	检验手法	检验要求
11	织带类	颜色、光泽、材质、手感、纹路	目测	抽检	颜色、纹路是否与样板相符合，有无色差，有无抽纱
		拉力	手工		来料（织带）是否易断开（限于尼龙料）
		尺寸、规格	钢尺		核对样板看规格是否一致（一卷内不可超过5个结头）
		数量	手工、尺		是否足够送货单之数量
12	杂料（回力胶、海绵、无纺布胶板等）	手感	手工(触觉)	抽检	是否与来料相符合
		拉力	手工(试拉)		是否易裂开
		厚度	厚度仪		来料是否与要求相符合
		数量	手工		是否足够送货单之数量
13	棉芯类	外观	目测	抽检	表面有无污渍、线头、抽丝、纺织松等不良现象
		规格	色卡		规格型号与色卡是否一致
14	胶水天那水	重量	磅秤	抽检	品牌、供货商、规格是否与采购单要求相一致
15	包装用品	外观	目测	抽检	有无污点、损伤、发霉、胶水渍等不良现象。布袋类要求表面无针眼、线头、跳线、断绵等。表面字唛是否正确、清晰，有无缺漏、模糊或错位
		尺寸、规格	钢尺		是否与物料清单一致

编制：　　　　审批：　　　　生效日期：

6.4 QA 检验工作

6.4.1 目的

此“检验工作”乃规范 QA 抽箱检验工作流程，明确检验标准和检验手法，对成品之包装与质量作最后检查与复核，确保产品符合客户之要求。

6.4.2 定义

QA：Quality Assurance　质量保证

6.4.3 职责

QA 组长：预备相关包装数据及质量验收标准进行抽箱检验，对出现之质量或包装之异常及时反馈，组织相关部门进行协调处理。

QA：根据包装数据和质量要求进行检验，及时反馈处理异常状况并做好相关记录。

6.4.4 参考文件

QA 检验标准。

6.4.5 程序

（1）对于包装部之首件板参照“包装及装箱数据”及相关质量标准进行复核。

（2）对完成包装之成品分单、分款、分色进行全检。

（3）结果处理。

检验结果须记录于“QA 检查记录表”，合格品取掉合格挂牌，不合格品交由包装或车间返修后再查。“QA 检查记录表”经过审核后交由品管部文员输入计算机并备份文件。

（4）检验环境。

正常日光或 40W 光灯。

（5）检验工具。

校正合格之卷尺、钢尺以及白色手套等。

6.QA检验标准

QA检验标准见下表。

QA检验标准

检验项目	检验标准	检验方法/工具	依据/参考资料
包装	1. 包装所用材料如胶袋、纸盒要符合客户要求	目测/尺	包装/装箱数据
	2. 包装之配件如装饰物、挂牌、五金唛等不可有遗漏	目测	包装/装箱数据
	3. 包装数量、包装方式与装箱数据要求要相符	目测	包装/装箱数据
	4. 不能有多装或少装数量	目测	装箱资料
	5. 不能有错装其他成品或颜色之现象	目测	装箱资料
	6. 袋内需按要求塞拷贝纸，五金需包裹，油边位需套胶通	目测	装箱资料
	7. 纸箱内不能有其他异物	目测	—
纸箱	1. 纸箱尺寸要与装箱资料相符，确定是否要用隔板	目测	包装/装箱数据
	2. 外箱字唛要清晰，字唛需完整且位置要正确，无缺漏、破损、错位、模糊等不良现象	目测	包装/装箱数据
	3. 外箱及胶袋内条形码、贴纸、颜色标示等要正确，位置要一致	目测	包装/装箱数据
	4. 各字唛清晰、完整，无模糊、缺漏、走位	目测	包装/装箱数据
	5. 纸箱内不能漏放天地盖、隔板及胶袋	目测	包装/装箱数据

续上表

检验项目	检验标准	检验方法/工具	依据/参考资料
品质	1. 有无漏放肩带、客户标志、挂饰等	目测	放产会议记录
	2. 有无明显脏污、五金不良品等	目测	—
	3. 有无受力位轻拉脱落现象	目测/手拉	样板
	4. 有无明显色差、爆口等结构性不良现象	目测	样板

编制：　　　　审批：　　　　生效日期：